Ines Mehri

Diversité génétique et fonctionnelles des Pseudomonas fluorescents

Ines Mehri

Diversité génétique et fonctionnelles des Pseudomonas fluorescents

Identification, classification et charactérisation

Presses Académiques Francophones

Imprint

Any brand names and product names mentioned in this book are subject to trademark, brand or patent protection and are trademarks or registered trademarks of their respective holders. The use of brand names, product names, common names, trade names, product descriptions etc. even without a particular marking in this work is in no way to be construed to mean that such names may be regarded as unrestricted in respect of trademark and brand protection legislation and could thus be used by anyone.

Cover image: www.ingimage.com

Publisher:
Presses Académiques Francophones
is a trademark of
Dodo Books Indian Ocean Ltd. and OmniScriptum S.R.L publishing group

120 High Road, East Finchley, London, N2 9ED, United Kingdom
Str. Armeneasca 28/1, office 1, Chisinau MD-2012, Republic of Moldova, Europe
Managing Directors: Ieva Konstantinova, Victoria Ursu
info@omniscriptum.com

Printed at: see last page
ISBN: 978-3-8381-4025-4

Zugl. / Agréé par: Tunis, Faculté des Sciences de Tunis, 2012

Inès MEHRI ABDELWAHED

Etude phénotypique et génotypique des *Pseudomonas* fluorescents

Identification, classification et charactérisation

Etude phénotypique et génotypique des *Pseudomonas* fluorescents

Identification, classification et charactérisation

Inès MEHRI ABDELWAHED

Laboratoire de Traitement et Recyclage des Eaux
Centre de Recherches et des Technologies des Eaux (C.E.R.T.E)

AVANT - PROPOS

Ce travail a été réalisé au Laboratoire Traitement et Recyclage des Eaux Usées (LTREU) du Centre de Recherches et des Techniques des Eaux (CERTE) de la Technopôle de Borj Cédria en collaboration avec le Laboratoire de Microbiologie et de Génétique, Université Louis-Pasteur, Strasbourg, France.

J'exprime toute ma gratitude à Monsieur Abdennaceur Hassen, Professeur au Centre de Recherches et des Techniques des Eaux, Laboratoire Traitement et Recyclage des Eaux Usées, pour m'avoir confié ce travail et accordé toute sa confiance pour sa réalisation. Je lui suis très reconnaissante pour ses encouragements constants, ses conseils avisés, ses critiques instructives durant tout le déroulement de ce travail.

J'adresse mes remerciements les plus vifs à Monsieur Meher Gtari, maitre de conférence à l'*Institut* Supérieur des Sciences et Technologies de l'Environnement de *Borj Cédria*, pour son encadrement, sa confiance, son aide, sa disponibilité, ses conseils et ses critiques instructives qui mon ont été d'un grand apport pour le bon déroulement de ce travail.

Que Monsieur Jean-Marie Meyer, Professeur au Laboratoire de Microbiologie et de Génétique, Université Louis-Pasteur, Strasbourg, France ; trouve ici l'expression de ma profonde gratitude pour m'avoir accueillie dans son laboratoire de recherches et m'avoir offert les moyens et beaucoup de facilités techniques dans mes expériences sur l'étude des pyoverdines.

La partie expérimentale de ce travail ne saurait être mené à de bons résultats sans l'aide de Madame Leila Jaoua, Technicienne principale au CERTE. Je dois beaucoup à son aide précieuse, surtout, pour la réalisation des techniques moléculaires et de son encouragement enthousiaste.

Je tiens enfin à remercier ma famille, en particulier mon mari, mes parents et mes beaux-parents qui m'ont sans cesse aidé et encouragé durant mes longues années d'étude. Je demande pardon à mes très chers enfants « Mohamed Mehdi » et « Darine » qui ont dû supporter ma nervosité et mes périodes d'absence.

A tous ceux que je n'ai pas mentionnés et qui ont contribué de près ou de loin à être ce que je suis.

Liste des abréviations

P: *Pseudomonas*

ADN: Acide désoxyribonucléique

ADNr: ADN ribosomique

ARNr: ARN ribosomique

APS: Ammonium Peroxo Disulfate

ARDRA: Analyse des fragments de restriction de l'ADN ribosomal amplifié (Amplified ribosomal DNA Restriction Analysis)

BET: Bromure d'éthidium

BSA: Bovine Serum Albumin

CTAB: Bromure d' hexadécyltriméthyl-ammonium

dNTP: désoxynucléosides triphosphates

DO : Densité optique

EDTA: Acide éthylène diamine tétra acétique

LB: Luria Broth

M: Marqueur de taille

MVSP: Multi Variate Statistical Package

NCBI: National Center for Biotechnology Information

ddNTP: Didéoxynucléoside triphosphate

pb: Paire de base

pH: Potentiel d'hydrogène

PGPR: Plant Growth Promote Rhizosphere

AIA: Acide Indole Acétique

QS: *Quorum-Sensing*

QQ: *Quorum-Quenching*

AHL: *acyl* homosérine lactone

HSL: Homosérine-lactone

NAHL: N-*acyl* Homosérine-lactone

PCR: Réaction de polymérisation en chaîne (Polymerase Chain Reaction)

RFLP: Polymorphisme de longueur des fragments de restriction (Restriction Fragment Lenght Polymorphism)

IEF: Isoélectrofocalisation

PFGE: Pulsed field gel electrophoresis

rpm: Rotation par minute

SDS: Sodium Dodecyl Sulfate

TEMED: Tétra-méthyl éthylène diamine

Tris: Trishydroxyméthylaminométhane

TSB: Bouillon tryptocaséine

UPGMA: Unweighted Pair Group Method with Arithmetic mean

DGGE: Electrophorèse sur gel en gradient dénaturant

ITS: Espace Intergénique Transcrit

UV: Ultra-violet

V/V: Volume à volume

cpm: Coup par minute

Pvd: Pyoverdine

SM: Succinate

CAA: Casamino-Acide

Liste des tableaux

Liste des figures

INTRODUCTION GÉNÉRALE

Introduction générale

C'est grâce à une versatilité métabolique élevée que les espèces appartenant au genre *Pseudomonas* sont caractérisées par leur ubiquité (Römling et al., 1994). Elles sont omniprésentes dans la nature (sol, eau, plante etc.) et sont parmi les bactéries les plus étudiées au niveau fondamental et appliqué.

Les *Pseudomonas* groupe I " *sensu stricto* " est le plus vaste groupe comprenant à la fois les souches fluorescentes et non fluorescentes (Kozo et al., 1995). L'espèce type du genre, *Pseudomonas aeruginosa* est un pathogène humain opportuniste responsable de fréquentes infections nosocomiales (Fuchs et al., 2001; Ali et al., 1995 et Römling et al., 1994). Les *Pseudomonas syringae* sont des espèces phytopathogènes produisant des toxines qui affectent la croissance des plantes (Fuchs et al., 2001). Les souches saprophytes y compris les *Pseudomonas fluorescens* et *Pseudomonas putida* sont considérées comme étant des rhizobactéries qui favorisent la croissance des plantes via la production d'enzymes et d'hormones tels que la phosphatase, l'acide indole-3-acétique (AIA) et les métabolites secondaires antibactériens comme les antibiotiques et les bactériocines (antagonisme microbien) (Latour et al., 2003; Rangarajan et al., 2001).

Ces dernières années, les *Pseudomonas* spp. fluorescents font l'objet d'une attention particulière dans la lutte biologique vis-à-vis des phytopathogènes. Il a été démontré que les

Pseudomonas agissent comme agents efficaces de biocontrôle des plantes en raison de la production du principal mode d'antagonisme: les sidérophores. Ces derniers chélatent le fer disponible et privent ainsi les bactéries néfastes de cet élément essentiel (Henry et al., 1991). En raison de la nécessité critique pour le fer dans le métabolisme aérobie, les bactéries vivant dans des environnements neutres sont normalement confrontées au déficit en fer nutritionnelles résultant de sa faible solubilité dans son état chimique oxydé (Neilands et al., 1987; Ambrosi et al., 2002). Lorsque les cellules sont cultivées sous une carence en fer, les microorganismes commencent à excréter de grandes quantités de pyoverdines, le sidérophore spécifique des *Pseudomonas* fluorescents, puissants chélateurs de Fe^{3+} (Braun et al., 2002). Par conséquent, l'antagonisme des *Pseudomonas* fluorescents vis-à-vis des phytopathogènes dépend du fer et de la concentration en sidérophores.

Les espèces de *Pseudomonas* exploitent également des systèmes de communication (*quorum-sensing*) assez complexes qui régulent la densité cellulaire et contrôle l'expression des gènes régulant une large gamme de fonctions biologiques comme la pathogénicité (Fuqua et al., 2001; Miller et Bassler 2001). Par conséquent ces espèces sont souvent sélectionnées pour leurs valeurs biotechnologiques en tant que candidats attractifs pour une utilisation dans les activités de biorémédiation et de lutte biologique en milieu pollué (Palleroni, 1984).

En effet, le premier chapitre a visé la comparaison de la résolution des différentes techniques de typage. Les méthodes de typage utilisées au cours de cette 1ère partie de thèse sont :

les caractérisations biochimiques (Api 20NE), moléculaires (ITS-PCR, RFLP et BOX-PCR), biologiques (Cross incorporation du fer radioactif) et analytiques (Isoélectrofocalisation). Afin de donner une affiliation aux espèces de *Pseudomonas* isolées, 34 isolats représentatifs des groupes ITS, BOX et ARDRA obtenus ont été sélectionnés pour le séquençage des gènes ADNr 16S et rpoB.

Le deuxième chapitre est consacré à la mise en évidence des différentes activités que possèdent les souches de *Pseudomonas* fluorescents. En effet, les isolats ont été testés pour la production de sidérophores (pyoverdine), des enzymes et/ou phytohormones tels que la phosphatase et l'acide indole acétique. En outre, ces micro-organismes ont été criblés pour leur capacité d'inhibition à travers la production de bactériocines et/ou d'enzymes par *quorum-quenching*. De plus, une étude qualitative et quantitative de la formation du biofilm a été effectuée.

Et dans le 3ème chapitre, on a examiné l'activité chélatrice des sidérophores de quatre isolats de *Pseudomonas*, présentant différents pattern IEF, vis-à-vis des métaux de transition essentiels autres que le fer (Zn, Mn). On a également déterminé, au cours du temps d'incubation (5-48h), l'effet de l'addition d'une concentration précise de métal (60 µM) sur la croissance et la biosynthèse de pyoverdine dans deux types de milieux carencés en fer (Casamino-Acide et Succinate). Les effets dose-réponse de Fe (III), Zn (II) et Mn (II) ont été ensuite testés sur la croissance et la production de sidérophores.

Synthése bibliographique

1- Le genre Pseudomonas

1-1- Caractères généraux

Le genre *Pseudomonas* a été identifié pour la première fois en 1894 par Migula (Palleroni, 1984). Les *Pseudomonas* et genres apparentés appartiennent au phylum des "*Proteobacteria*", classe des *Gammaproteobacteria*, ordre des *Pseudomonadales*, famille des *Pseudomonadaceae*. Ce sont des bactéries ubiquitaires, répandues dans un vaste écosystème, pouvant être isolées de diverses origines (Howie et al., 1991 ; Kim et al., 2004), des eaux usées, de l'eau de mer, du sol, des végétaux ou d'origines cliniques (Aubron et al., 2002 ; Brooun et al., 2000). Les *Pseudomonas* sont des bacilles à Gram négative, droits et fins, aux extrémités arrondies, de 0,5 à 1 µm de diamètre et de 1,5 à 5 µm de longueur. Elles sont souvent mobiles grâce à une ciliature polaire monotriche ou multitriche. Elles présentent un type respiratoire aérobie strict, catalase positive, un type métabolique chimio-organotrophe oxydatif, ne fermentent pas le glucose, dépourvu de spores et elles sont incapables de fixer l'azote atmosphérique. L'espèce-type du genre, *P. aeruginosa* est mésophile tandis que la majorité des espèces sont psychrotrophes.

Les *Pseudomonas* se cultivent sur des milieux usuels non enrichis. Ils sont capables d'utiliser de nombreux substrats hydrocarbonés comme source de carbone et d'énergie (variété de donneurs et d'accepteurs d'électrons) et de produire des molécules de type antibiotiques.

1-2- Une diversité taxonomique importante

Le genre *Pseudomonas* était le siège de changement taxonomique continu par l'introduction ou la reclassification dans de nouveaux genres et/ou espèces. Actuellement (Mars 2011), 211 espèces et sous espèces appartenant au genre *Pseudomonas* sont validées sur ''The Approved Lists of Bacterial Names'' sur le site Web : (http://www.dsmz.de/bactnom/bactname.htm).

L'étude de la composition en bases du génome et la recherche d'homologies de séquences génomiques par hybridations ADN-ADN et ADN-ARN, ainsi que le séquençage de marqueurs taxonomiques tel l'ADN codant pour l'ARNr 16S (Anzai et al., 2000), ont conduit à une évolution de la taxonomie au sein du groupe des *Pseudomonas* et genres apparentés. Ainsi, Palleroni et al. (1984) ont montré que le genre était génétiquement hétérogène avec l'existence de cinq groupes d'ARN distincts répartis comme suit :

(i) Le groupe I correspondant au genre *Pseudomonas sensu-stricto* (groupe ARN I) et qui est communément subdivisé en deux sous-groupes selon l'aptitude de cette bactérie à synthétiser ou pas en situation de carence en fer, un pigment jaune-vert fluorescent, la pyoverdine, caractéristique des *Pseudomonas spp.* fluorescents (par exemple *P. aeruginosa*, *P. fluorescens*, *P. putida*, *P. syringae*). Le deuxième sous-groupe des *Pseudomonas spp.* non-fluorescents comprend, par exemple, *P. alcaligenes*, *P. fragi* ou *P. stutzeri*).

(ii) Le groupe II contient *P. cepacia*, *P. mallei*, *P. pseudomallei*, *P. picketti* et *P. solanacearum*.

(iii) Le groupe III contient entre autres, *P. acidovorans*, *P. testosteroni*, *P. flava* et *P. facilis*.

(iiii) Le groupe IV comprend *P. diminuta* et *P. vesicularis*.

(iiiii) Le groupe V comprend *P. maltophila* et les Xanthomonas.

Les espèces *Pseudomonas sensu-lato* (groupes ARN II à V) ont été reclassées dans d'autres genres. Cette réorganisation a permis une distinction marquée entre le genre *Pseudomonas* et les genres apparentés regroupant *Achromobacter, Acinetobacter, Burkholderia, Acetobacter, Agrobacterium, Brevundimonas, Chryseomonas, Comamonas, Flavimonas, Flavobacterium, Ralstonia, Shewanella, Sphingobacterium* et *Stenotrophomas* (Kersters et al., 1996).

1-3- Le groupe des *Pseudomonas* fluorescents (*sensu-stricto*)

Au sein de ce groupe on distingue :

1-3-1- L'espèce type du genre

Pseudomonas aeruginosa ou bacille pyocyanique (bacille du ''pus bleu'') représente le type même de l'espèce bactérienne opportuniste et multi-résistante aux antibiotiques (Hancock et al., 1998), capable d'infecter une multitude d'hôtes (les nématodes, les insectes, l'homme et même les plantes). Il est ubiquitaire, saprophyte, peut vivre à l'état commensal sur la peau ou à l'intérieur du système digestif de divers animaux et peut aussi se développer dans un environnement humide, sous forme de microcolonies entourées d'exopolysaccharides (l'alginate). Ce film d'alginate entourant souvent les bactéries, la faible perméabilité de leur membrane externe et le mécanisme actif d'exportation des substances de faible poids moléculaire, sont les principales raisons de la résistance des *P. aeruginosa* aux différents facteurs de stress communément connus et étudiés (Aubron et al., 2002).

Les souches de *P. aeruginosa* sont souvent présentes dans les produits biologiques, les denrées alimentaires, dans l'environnement hospitalier proche du malade, ainsi que dans les solutions aqueuses antiseptiques ou dans les médicaments. *P. aeruginosa* est inoffensif pour les individus en bonne santé, mais devient rapidement très dangereux pour les personnes souffrant de déficiences immunitaires ou présentant des pathologies, pouvant initier le développement d'une infection, comme les grands brulés ou les malades atteints de la mucoviscidose (Wagner et Iglewski, 2008). Ce pathogène dit opportuniste est le plus souvent responsable d'infections nosocomiales (septicémies), les infections urinaires, etc. Ainsi, on estime que plus de 90% des brulés meurent à la suite d'une complication causée par *P. aeruginosa*.

1-3-2- *Les espèces saprophytes*

Le terme *"Pseudomonas* fluorescents saprophytes" désignent, en général, les espèces non pathogènes à cytochrome oxydase C_{552} positive. Ces *Pseudomonas* regroupent les espèces *P. chlororaphis*, *P. fluorescens* et *P.*

putida. Ces deux dernières espèces présentant une forte hétérogénéité phénotypique et génotypique, sont subdivisées en plusieurs biovars (Bossis et al., 2000).

Au sein de ces espèces, certaines souches présentent un intérêt pour l'agriculture car elles améliorent la croissance et l'état sanitaire des plantes et présentent une aptitude à réduire l'incidence des maladies racinaires, ainsi qu'à inhiber la croissance d'un grand nombre d'agents phytopathogènes *in-vitro*. Ces effets bénéfiques et cette capacité d'inhibition sont associés à la procuction d'une large gamme de métabolites antagonistes, de phytohormones et de sidérophores. Ces derniers permettent de compétitionner farouchement pour l'acquisition du fer dans l'environnement bactérien. Dans un milieu comme le sol par exemple où cet élément est présent en très faible quantité, cela peut nuire à la croissance saprophyte de plusieurs agents pathogènes et ainsi réduire la sévérité de la maladie. Certaines de ces souches saprophytes ont aussi une capacité à induire les mécanismes de défense chez la plante (Kim et al., 2004).

Les *Pseudomonas* fluorescents sont aussi capables de dégrader de nombreux composés organiques, parmi lesquels des composés halogénés, des hydrocarbures aromatiques et des herbicides. Leur métabolisme carboné et énergétique est en effet responsable de la dissimilation des nitrates (respiration NO_3^- en N_2) et de la dégradation de composés xénobiotiques (Latour et al, 1997). Ces bactéries peuvent ainsi être utilisées dans les processus de décontamination ou de bioremédiation (Stallwood et al., 2005).

* Pathogénicité potentielle des souches saprophytes: les études portant sur l'incidence des infections à *P. fluorescens* sont rares. Dans le milieu clinique, les espèces adaptées à des températures supérieures à 37°C sont encore peu rec herchées du fait de leurs psychrotrophies et de leur considération comme « non-pathogènes » (Donnarumma et al., 2010; Chapalain et al., 2008). De plus, la proximité taxonomique de certains biovars de *P. fluorescens* avec des biovars de l'espèce *P. putida* constitue un problème pour son identification (Bossis et al., 2000). *P. fluorescens* se comporte comme un agent opportuniste infectant des patients qui présentent un statut immunitaire affaibli (Madi et al., 2010).

Bien que de nombreux cas d'infections imputées aux *P. fluorescens* soient décrits, il n'existe pas ou peu de travaux décrivant les facteurs de virulence impliqués dans la pathogénie de cette espèce (Chapalain et al., 2008). Comme *P. aeruginosa*, les *P. fluorescens* produisent pourtant un nombre important de facteurs pouvant intervenir dans les processus de colonisation (adhésion en utilisant flagelles et pili) et de multiplication (formation de biofilm) et secrètent des composés (lipopolysaccharides: endotoxines) qui peuvent être potentiellement toxiques pour les cellules hôtes (Picot et al., 2003).

1-3-3- Les espèces phytopathogènes

Pseudomonas syringae se présente comme l'une des espèces bactériennes phytopathogènes la plus importante et la plus complexe ; elle est caractérisée par une grande variabilité génétique, physiologique et biologique. L'espèce *P. syringae*, décrite sur près de 400 espèces végétales, possède 3 propriétés importantes : un pouvoir pathogène (spécificité d'hôte), un pouvoir glaçogène (une capacité à induire une rupture précoce de la surfusion de l'eau) et une aptitude à la vie épiphyte (capacité à coloniser la surface des organes aériens des plantes et à s'y multiplier de façon importante) (Gaignard et al., 1993). La distinction entre les différents pathovars a été basée sur la spécificité de la pathogénicité vis-à-vis d'une ou plusieurs espèces de plantes hôtes.

2- Adaptation des microorganismes à la carence en fer

Avec l'apparition progressive de l'oxygène dans l'atmosphère, il y a trois milliards d'années, le fer, initialement sous forme réduite (Fe (II)), s'est transformé en Fe(III). Dans l'environnement, les degrés d'oxydation du fer les plus courants et surtout les plus stables, sont 2+ et 3+, ainsi le fer peut exister sous deux formes: la forme réduite ferreuse (fer ferreux : Fe^{2+}) et la forme oxydée ferrique (fer ferrique: Fe^{3+}). Dans le sol, le fer se trouve principalement sous forme polymérisée en oxy-hydroxydes ferriques (FeOOH), en demeurant très stables et peu solubles par rapport au fer ferreux. A partir de ces complexes, la concentration à l'équilibre en Fe^{3+} libre dissous dans l'eau (pH 7,4) est d'environ 10^{-18} M (Ferguson et Deisenhofer, 2002). Donc, bien que très abondant dans la nature, quantitativement le quatrième élément (4,7%) de la croûte terrestre après l'oxygène (49,5%), le silicium (25,8%) et l'aluminium (7,8%) le fer est difficilement accessible aux cellules vivantes (Crichton et al., 1987). Celles-ci requièrent en effet une concentration minimale en Fe de 10^{-6} M pour satisfaire les besoins métaboliques auxquels le fer est étroitement associé. Il s'agit de l'activité de certaines enzymes et protéines intervenant notamment dans la respiration, la synthèse des désoxyribonucléotides, la fixation d'azote ou encore le transport d'électrons et la détoxification de radicaux libres (Neilands, 1981).

Les microbes doivent donc développer un système actif d'acquisition de cet élément afin d'assurer leur survie et leur croissance dans un tel environnement et plus particulièrement dans la rhizosphère, au contact des racines où les populations sont les plus importantes. Il en va de même pour les protéines eucaryotes (des animaux ou de l'être humain) sources de fer pour les microorganismes pathogènes, qui sont des protéines de stockage du fer (transferrine, lactoferrine et ferritines) ainsi que des protéines hémiques.

Acquisition du fer par les sidérophores

Pour éviter la carence en fer, la grande majorité des microorganismes produisent des chélatants spécifiques du Fe^{3+}, considérés comme des métabolites secondaires, appelés sidérophores (Sidêros : fer, et phore : qui porte), dont les caractéristiques générales sont les suivantes:

(i) Ils ne sont synthétisés que par des microorganismes aérobies (bactéries et champignons) et les plantes (phytosidérophores des graminées) en état de carence en fer et excrétés dans le milieu extérieur en quantité importante où ils fixent le fer ferrique avec une forte affinité. Leur distribution, résumée dans le Tableau 1, montre qu'ils sont présents chez la plupart des microorganismes (libres ; commensaux ; pathogènes des plantes, des animaux ou de l'homme). Par contre aucun sidérophore n'a été détecté chez les bactéries anaérobies strictes, ou chez les bactéries lactiques (Archibald, 1983), de même que chez certaines espèces de *Legionella* ainsi que les levures *Saccharomyces* (Neilands, 1984).

(ii) Les sidérophores chélatent très fortement l'ion ferrique et peu, ou pas, l'ion ferreux. Les constantes de stabilité de leurs complexes avec Fe(III) sont décrites dans le Tableau 1 (Neilands, 1981).

(iii) Sous forme de complexes de fer(III) les sidérophores facilitent l'incorporation de cet élément dans la cellule.

(iv) Les sidérophores sont des composés chimiques généralement hydrosolubles, de faible poids moléculaire (500 – 1500 Da) et sont classés, en fonction du groupement chélateur, en quatre groupes : hydroxamates (le seul type produit par les champignons), catéchols, carboxylates et pyoverdine (Neilands, 1981, 1984).

Parallèlement à la biosynthèse de sidérophores, un état de carence en fer s'accompagne, chez les bactéries à Gram négative, par l'apparition de plusieurs protéines nouvelles au niveau de la membrane externe, protéines pour lesquelles un rôle de récepteur membranaire pour le complexe sidérophore-fer a été démontré (Ferguson et Deisenhofer, 2002).

L'assimilation du fer chez les microorganismes se caractérise ainsi par plusieurs étapes affectant l'ensemble des différents compartiments cellulaires (O'Sullivan et al., 1992) :

(i) Biosynthèse du sidérophores par le microorganisme en état de carence en fer et excrétion dans le milieu externe ;

(ii) Complexation des ions ferriques du milieu externe par le sidérophore ;

(iii) Les ferri-sidérophores sont alors réintégrés dans les cellules grâce à des récepteurs membranaires qui leur sont spécifiques et situés à la surface de la cellule ;

(iv) Dans le cytoplasme, soit le sidérophore est altéré, soit le Fe^{3+} est réduit, ces deux mécanismes menant à la déstabilisation du complexe et au relargage de fer libre ;

(v) Régulation de ce système afin qu'il ne fonctionne pas lorsque les besoins en fer de la cellule sont couverts (Fontecave et Pierre, 1994) (Figure 1).

Tableau 1: Distribution des principaux sidérophores microbiens ainsi que leurs constantes de stabilité (K) (Loper et al., 1991)

Sidérophores	Microorganismes	log K
Pyoverdine	Pseudomonades fluorescentes	32
Catécholates		
Entérobactine	Entérobactéries	52
Hydroxamates		
Aérobactine	*Erwinia carotovora*	22,5
	Enterobacter cloacae	23,3
Ferrichrome	*Ustilago* spp. (champignon)	29,1
Ferrichrome A	*Ustilago* spp.	32
Ferrioxamine E	*Streptomyces* spp.	32,5
	Erwinia herbicola	26,6
Carboxylate		
Rhizobactine	*Rhizobium meliloti*	17,6

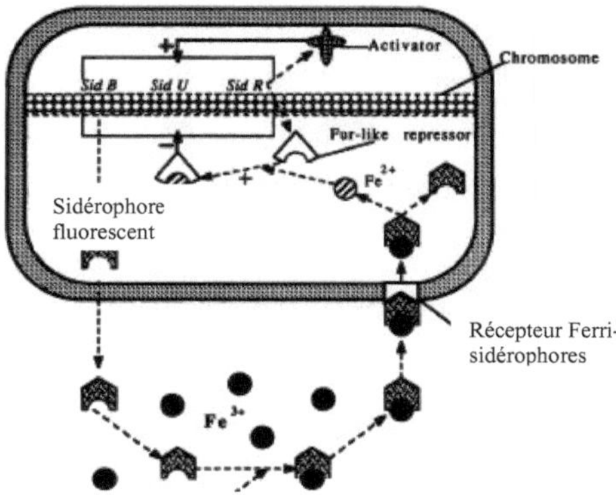

Figure 1 : Modèle du système bactérien d'incorporation du fer à haute affinité.

Sid B: gènes responsable de la biosynthèse des sidérophores ; *Sid U:* gènes responsable de l'incorporation du complexe ferri-sidérophore ; *Sid R:* gènes responsable de la régulation des sidérophores (O'Sullivan et al., 1992).

3- Les sidérophores des *Pseudomonas* fluorescents

3-1- Le système pyoverdine (Pvd)

3-1-1- Description de la pyoverdine

Les pyoverdines correspondent à un groupe de sidérophores étroitement apparentés et complexes, à cause de leur taille et structure. Les pyoverdines, de couleur verte jaune fluorescente, secrétées dans le milieu extracellulaire par les *Pseudomonas* fluorescents dans les conditions de carence en fer et elles sont synthétisées durant la phase exponentielle de croissance (s'achève au début de la phase stationnaire) (Meyer et Geoffroy 2004). Découvertes en 1892, les Pyoverdines ont été décrites en utilisant des noms différents comme fluorescéines et pseudobactines (pour les isolats du sol). Leur implication dans l'acquisition du fer a été établie de manière concluante à la fin des années 1970 grâce aux travaux fondateurs de Meyer et son collaborateur (Meyer et Abdallah, 1978) et la structure de la première pyoverdine n'a été résolue qu'en 1981 (Teintze et al., 1981). Etonnamment, lorsqu'aucune différence phénotypique ne pourrait différencier des *Pseudomonas* fluorescents les uns des autres au niveau de leur production de pyoverdine, une étude intensive sur plus de 3000 isolats bactériens analysés par la méthode de sidérotypage (paragraphe 5-3), a permis de reconnaître l'existence de plus de 110 pyoverdines différentes (Meyer, 2010).

Les pyoverdines sont toutes composées de trois parties caractéristiques: un chromophore, une chaîne latérale acyle et une chaîne peptidique variable (Budzkikiewicz, 2004) (Figure 2).
- Le chromophore est un dérivé de la quinoline défini communément comme étant (acide 1S -5- amino- 2,3-dihydro- 8,9 -dihydroxy-1H -pyrimido- [1,2-a] quinoline-1- carboxylique) conservé chez toutes les pyoverdines. Il est responsable des propriétés spectrales et de la fluorescence de la molécule. Il contient un des trois sites requis pour la coordination du Fe^{3+} sous forme d'un groupement catécholate. Les deux autres groupements nécessaires font partie de la chaîne peptidique.
- La chaîne latérale acyle est constituée dans la plupart des cas d'un acide dicarboxylique (acide succinique, acide maléique ou acide α-cétoglutarique) ou d'un dérivé amide de cet acide. Elle

est liée au groupe amino du chromophore en position C3 (Tableau 2).

- La chaîne peptidique variable peut être linéaire, cyclique ou partiellement cyclique (Budzkikiewicz, 2004). Elle est liée par un groupe amide à la fonction carboxyle C1 (rarement C3) du chromophore (Visca et al., 2007). La longueur et la composition de la chaîne peptidique sont spécifiques de chaque souche (Tableau 3), elle comporte généralement entre 6 et 12 acides aminés et elle fournit les deux autres ligands de Fe^{3+}.

La structure des Pvds varie d'une espèce à l'autre et même entre les souches de la même espèce. Par exemple, les différentes souches de *P. aeruginosa* produisent trois types de Pvds de structures différentes: PvdI, PvdII et PvdIII (Meyer et al., 1997). Cette variabilité structurale constitue un outil de différenciation et de taxonomie au sein du genre *Pseudomonas*: le sidérotypage. Cette technique est basée sur le comportement électrophorétique et sur l'incorporation croisée des différentes isoformes de Pvd par les différentes souches de *Pseudomonas* (paragraphe 5-3) (Fuchs et al., 2001).

3-1-2- *Caractéristiques spectrales de la pyoverdine*

Les caractéristiques spectrales et de fluorescence de la Pvd dues au chromophore sont les éléments clés des études réalisées ces 15 dernières années par Schalk et al. (2002) sur le transport et l'acquisition du fer par la voie Pvd chez *P. aeruginosa*. Ces études ont considérablement contribué à la compréhension des mécanismes d'interaction de la Pvd (vide ou complexée en métal) avec la protéine de la membrane externe (RTBD FpA).

Le spectre d'absorption dépend du pH de la solution. A pH 5, le spectre UV (Ultra-Violet) de la Pvd montre un dédoublement du pic d'absorption à 360 et à 380 nm. A pH 8, le spectre montre un seul pic avec un maximum d'absorption à 400 nm et un déplacement jusqu'à 410 nm à pH 10 (Figure 3).

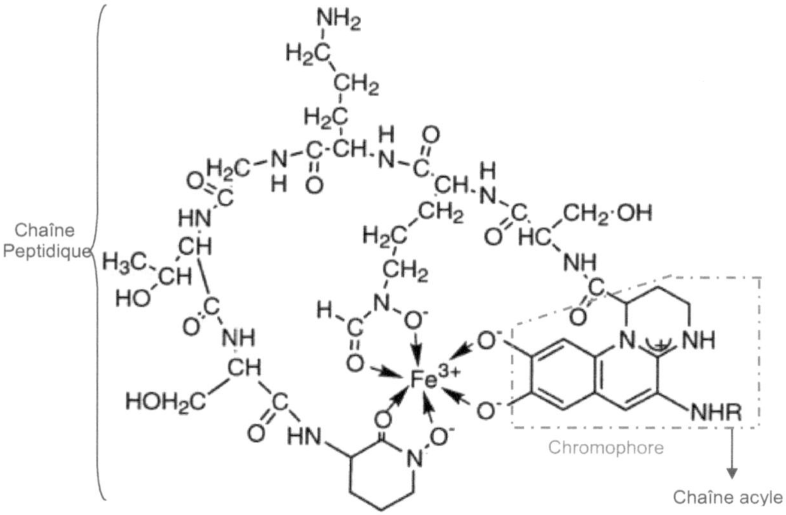

Figure 2: Structure de la pyoverdine synthétisée par *P. aeruginosa* ATCC 27853 (Pvd groupeII) et représentation du complexe formé avec Fe^{3+}. La chaîne acyle (groupe R) pourrait être un acide succinique, succinamide, ou acide glutamique (Tappe et al., 1993)

Tableau 2: Chaînes latérales acyles formant les différents isoformes de pyoverdine. (Meyer et Geoffrey 2004)

Nature de la chaîne latérale	Structure chimique[a]
Acide succunique	(Chr-NH)-CO-CH$_2$-CH$_2$-COOH
Succinamide	(Chr-NH)-CO-CH$_2$-CH$_2$-CONH$_2$
Acide maléique	(Chr-NH)-CO-CH$_2$-CHOH-COOH
Malamide	(Chr-NH)-CO-CH$_2$-CHOH-CONH$_2$
Acide glutamique	(Chr-NH)-CO-CH$_2$-CH$_2$-CHNH$_2$-COOH
Acide α-cétoglutarique	(Chr-NH)-CO-CH$_2$-CH$_2$-CO-COOH

[a] groupement NH$_2$ lié au chromophore (Chr-NH)

Tableau 3: Structures peptidiques identifiées chez des pyoverdines synthétisées par certaines souches de *Pseudomonas* fluorescents. (Meyer 2000)

Espèces	Souches	Structure de la chaîne peptidique
P. aeruginosa	ATCC 15692	Ser-Arg-Ser-FoOHOrn-c(Lys-FoOHOrn-Thr-Thr)
P. aeruginosa	ATCC 27853	Ser-FoOHOrn-Orn-Gly-aThr-Ser-cOHOrn
P. aeruginosa	Pa6 et R	Ser-Dab-FoOHOrn-Gln-Gln-FoOHOrn-Gly
P. fluorescens bv. I	ATCC 13525	Ser-Lys-G1y-FoOHOrn-c(Lys-FoOHOrn-Ser)
P. fluorescens bv. III	ATCC 17400	Ala-Lys-G1y-Gly-OHAsp-Gln/Dab-Ser-Ala-cOHOrn
P. fluorescens bv. V	1W	Ser-Lys-G1y-FoOHOrn-c(Lys-FoOHOrn-Ser)
P. fluorescens bv. VI	PL7	Ser-AcOHOrn-Ala-G1y-aThr-A1a-cOHOrn
P. fluorescens bv. VI	PL8	Lys-AcOHOrn-Ala-G1y-aThr-Ser-cOHOrn
P. putida	9BW	Ser-Lys-OHHis-aThr-Ser-cOHOrn

La chaîne peptidique est attachée au chromophore par sa terminaison NH$_2$ (côté gauche). Les acides aminés soulignés correspondent au D-acides aminés. Ac: Acétyl, aThr: allo-thréonine, cOHOrn: cyclo-hydroxyornithine, Dab: acide diaminobutyrique, Fo: formyl, c(acide aminé): structure cyclique pour l'acide aminé entre parenthèse.

Lorsque la Pvd chélate le fer à des concentrations différentes (concentrations croissantes en Fe), la fluorescence du chromophore diminue jusqu'à s'éteindre par ce métal (Figure 4). Cette propriété renseigne sur la forme libre ou complexée de la Pvd. Il a été montré que la Pvd peut également complexer de nombreux autres métaux (Ag^+, Zn^{2+}, Al^{3+}, Cd^{2+}...) mais avec des affinités moindres (Parker et al. 2004; Shinozaki-Tajiri et al. 2004). Selon le métal chélaté, les propriétés spectrales et de fluorescence de la Pvd sont modulées (Braud et al., 2009).

3-1-3- Biosynthèse et maturation

La disponibilité de la séquence du génome de *P. aeruginosa* PAO1 a été le modèle adéquat pour l'identification et la vérification expérimentale de l'ensemble des gènes nécessaires à la synthèse de la pyoverdine au niveau de cette souche. De ce fait, la biosynthèse et la maturation de la pyoverdine de *P. aeruginosa* PAO1 ont été les plus étudiées. La combinaison des approches génomiques (identification des gènes impliqués dans la synthèse de la pyoverdine et attribution des fonctions aux protéines correspondant à chaque gène) et biochimiques (vérification des hypothèses émises par les approches génomiques) a permis la compréhension des différentes étapes impliquées dans la biosynthèse et la maturation de la pyoverdine (Visca et al.,2007). Les protéines indispensables à la synthèse et à la maturation de la pyoverdine sont codées par plusieurs gènes localisés dans le locus *pvd* (*pvdDEHIJLNOPQ*). Ces gènes codent pour : des peptides synthétases (PSs) multimodulaires cytoplasmiques (*pvdIJDLH*) (Ravel et Cornelis, 2003), un transporteur ABC (*pvdE*) (McMorran et al., 1996) et des enzymes de maturation périplasmiques (pvd*NOPQ*) (Lewenza et al., 2005) (Figure 5A).

* La biosynthèse de la pyoverdine démarre dans le cytoplasme par l'assemblage d'un précurseur non fluorescent par les PSs : la ferribactine. Les PSs Pvd*IJD* assemblent séquentiellement des dérivés des précurseurs des acides aminés de la chaîne peptidique et les PSs Pvd*LH* interviennent dans la synthèse du précurseur du chromophore (Lehoux et al., 2000). Avant leur incorporation définitive dans la chaîne peptidique de la ferribactine par les PSs, certains acides aminés subissent des modifications chimiques par Pvd*HFA* (Visca et al., 2007). L'export du précurseur non fluorescent de la pyoverdine (ferribactine) à travers la membrane interne vers le périplasme est assuré par le transporteur ABC Pvd*E* (McMorran et al., 1996). Dans ce compartiment cellulaire, la ferribactine est transformée en Pvd.

* La maturation périplasmique du chromophore par cyclisation est indispensable à la fluorescence de la pyoverdine, qui est assurée par les enzymes Pvd*NOPQ* (Lewenza et al., 2005). Enfin, la pyoverdine est excrétée du périplasme dans le milieu extracellulaire par la pompe à efflux PvdRT-OpmQ (Yeterian et al., 2009) (Figure 5B).

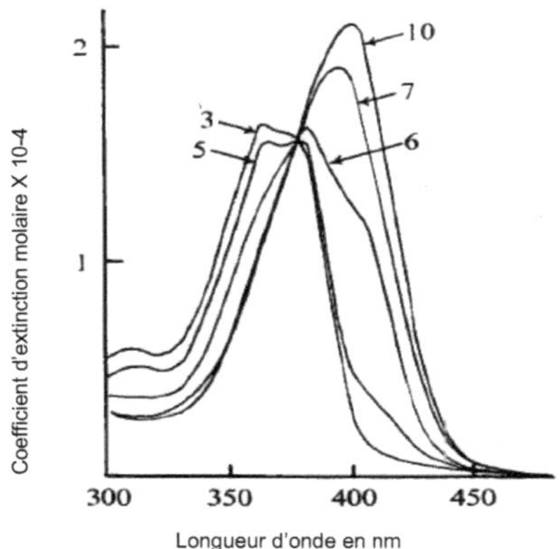

Figure 3: Spectre d'absorption visible de la pyoverdine en fonction du pH (Meyer et Abdallah, 1978).

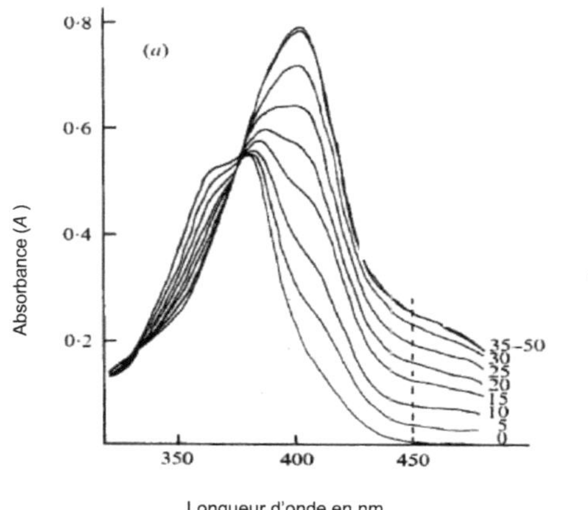

Figure 4: Changement du spectre d'absorption en fonction de la quantité de Fe (III) additionnée. Les nombres présents devant les différents spectres indiquent le volume en µl d'une solution de FeCl$_3$ (à 3,25mM). (Meyer et Abdallah, 1978)

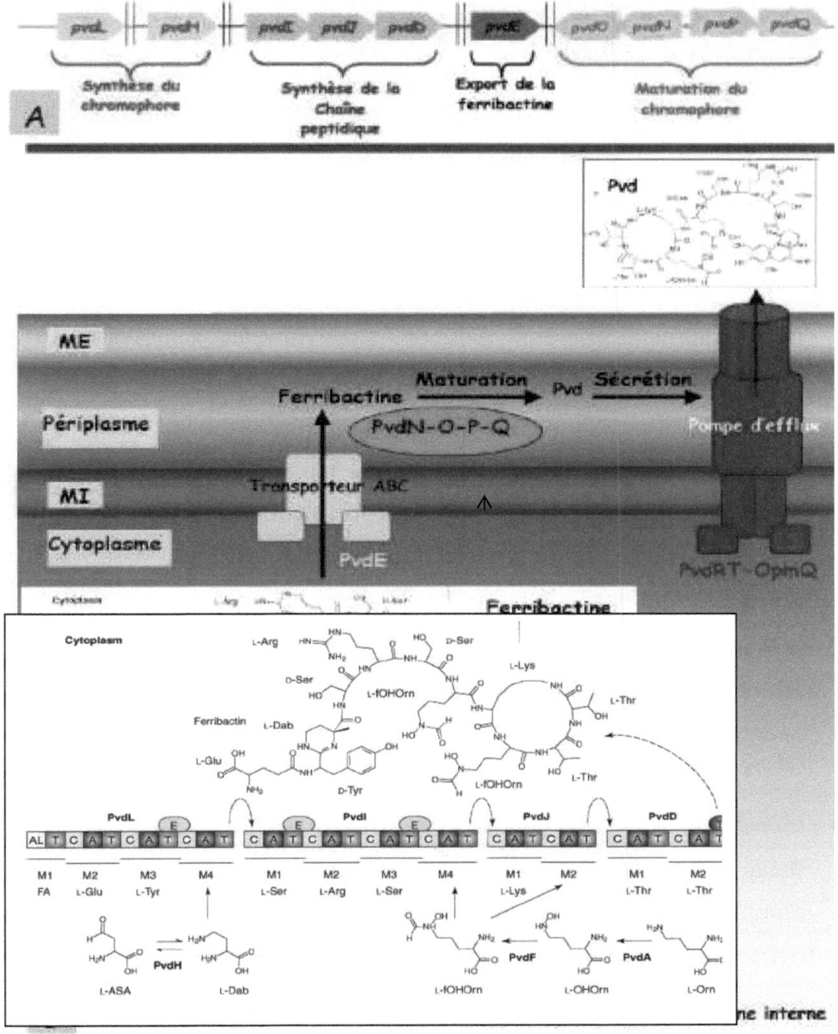

Figure 5: Biosynthèse et maturation de la pyoverdine.

A : Gènes codant pour les PSs intervenant dans la synthèse et la maturation de la
pyoverdine, B : Biosynthèse (dans le cytoplasme), maturation (dans le périplasme)
et sécrétion de la pyoverdine. (Visca et al., 2007 ; Lewenza et al., 2005)

3-1-4- Transport du complexe ferri-Pvd à travers la membrane externe

Les molécules dont le poids moléculaire est inférieur à 600 Da et se trouvant dans le milieu extracellulaire à fortes concentrations diffusent passivement à travers la membrane externe des bactéries à Gram-négative via les porines (Braun, 2002). Par contre les complexes ferriques (fer-sidérophore) sont trop volumineux pour diffuser passivement à travers la membrane externe. Le transport actif de ces complexes est assuré par des protéines spécifiques appartenant à la famille des récepteurs de la membrane externe et à la classe des récepteurs TonB-dépendants (RTBDs) (Ferguson et Deisenhofer, 2002). Les RTBDs sont généralement spécifiques d'un ligand particulier et ont pour lui une grande affinité. Le contact entre les RTBDs et la source du fer est indirect par l'intermédiaire d'une molécule adaptatrice produite par les bactéries comme les pyoverdines.

* Cas des *P. aeruginosa* PAO1 : Le gène *fpvA* code pour une protéine de la membrane externe (FpvA) appartenant à la sous-classe des RTBDs. FpvA reconnaît, spécifiquement le complexe ferri-pyoverdine, et le transporte du milieu extracellulaire vers le périplasme à travers la membrane externe (Poole et al., 1993).

• *Structure de FpvA :* De l'extrémité N-terminale à l'extrémité C-terminale, on trouve une séquence signal, suivie du domaine de signalisation, puis le domaine bouchon et enfin le tonneau β.

- La séquence signal, permettant le positionnement des protéines de la membrane externe, est clivée au cours de la maturation de la protéine.

- Le tonneau β ou domaine C-terminal (en gris dans la Figure 6) forme un tonneau hydrophobe ancré dans la membrane externe qui la traverse de part et d'autre.

- Le bouchon correspond au domaine N-terminal du FpvA (en vert dans la Figure 6), il obture le tonneau et empêche ainsi le passage passif et incontrôlé des nutriments dans le périplasme. Il existe dans la partie N-terminale du bouchon une séquence constituant une signature de la sous-classe des FpvA, appelée « **boîte TonB** ». Lors du transport, la boîte TonB interagit avec une protéine TonB de la membrane interne. Cette interaction est essentielle pour l'énergisation du FpvA et donc à la translocation et à l'internalisation du ligand à travers la membrane externe via FpvA (Krewulak et Vogel, 2007 ; Cobessi et al., 2005).

- Le domaine de signalisation localisé dans le périplasme est situé en N-terminal entre la séquence signal et le bouchon (en mauve dans la Figure 6).

• *Site de liaison de la ferri-pyoverdine :* Le site de liaison de la ferri-pyoverdine est localisé sur la face extracellulaire du récepteur, il est constitué d'acides aminés appartenant au bouchon, aux brins et boucles extracellulaires du tonneau β. Ce site est spécifique de la pyoverdine produite par *P. aeruginosa* PAO1. La chaîne peptidique, spécifique à chaque pyoverdine, interagit ainsi avec les résidus des brins et les boules extracellulaires du tonneau β (Wirth et al., 2007).

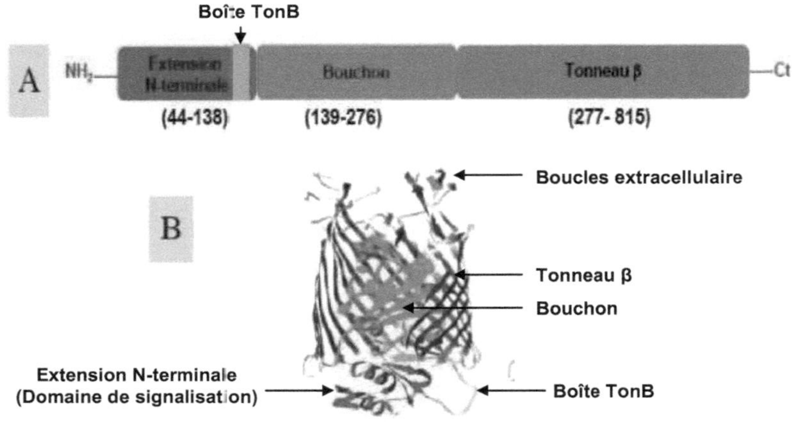

Figure 6 : Présentation schématique de la structure primaire (A) et tridimensionnelles de FpvA (B)

• *Changements de conformation induits par la liaison de la ferri-Pvd :* La structure de FpvA montre que la liaison du complexe ferri-Pvd sur son site de liaison provoque des changements de conformation dans la partie N-terminale du récepteur, essentiellement, au niveau de la boîte TonB induisant le déplacement du domaine de signalisation de FpvA dans le périplasme. Ce mouvement consiste en un changement de la position de la boucle contenant la boîte TonB permettant son interaction avec le domaine C-terminal de la protéine TonB et le transfert d'énergie nécessaire au transport du ligand par FpvA (Wirth et al., 2007). La liaison de la ferri-Pvd induit également le mouvement du domaine de signalisation, permettant l'interaction avec la partie C-terminale de FpvR (facteur anti-σ) et la régulation de l'expression des gènes de la voie *Pvd* impliqués dans l'assimilation du fer (Paragraphe 3-1-7).

3-1-5- Transduction d'énergie par le complexe TonB-ExB-ExD

En conformation initiale non chargée, la protéine TonB est non énergisée. Elle est localisée dans la membrane interne au sein du complexe multi-protéique TonB-ExB-ExD. Une fois chargé, le segment transmembranaire de la protéine TonB est relargué du complexe TonB-ExB-ExD, produisant ainsi une protéine TonB libre qui traverse le périplasme. La partie C-terminale de la protéine TonB interagit avec FpvA qui subit un changement de conformation facilitant ainsi la translocation du ligand. Lors de l'interaction entre la protéine TonB et FpvA, l'énergie stockée par la protéine TonB est relarguée, permettant le passage de la protéine TonB en conformation déchargée (Figure 7) (Visca et al., 2007).

3-1-6- Devenir du complexe ferri-pyoverdine

Le complexe ferri-Pvd peut soit se dissocier au niveau du périplasme, soit transporter directement à travers la membrane interne (Figure 7).

• ***Dissociation dans le périplasme*:** Les données expérimentales obtenues par Schalk et al. (2002) indiquent que la dissociation du complexe ferri-Pvd chez *P. aeruginosa* se fait dans le cytoplasme, elle implique probablement un mécanisme de réduction du Fe^{3+} en Fe^{2+}. Ensuite, la pyoverdine est recyclée dans le milieu extracellulaire par la pompe à efflux PvdRT-OpmQ. Dans le milieu extracellulaire, la pyoverdine recyclée est de nouveau capable de lier le fer. Après dissociation, l'ion Fe^{2+} serait pris en charge par une protéine périplasmique qui va délivrer le Fe^{2+} directement à un transporteur ABC (constitué d'une proteine périplasmique PBP, d'une perméase de deux domaines transmembranares et d'une ATPase cytoplasmique) au niveau de la membrane interne (Visca et al., 2007).

• ***Transport du complexe à travers la membrane interne***: Les ferri-Pvd sont aussi pris en charge par la protéine périplasmique pour les délivrer directement au transporteur ABC. Ce dernier assure la translocation du complexe contre son gradient de concentration par hydrolyse de l'ATP, procurant ainsi l'énergie nécessaire au passage du ligand à travers la perméase (l'un des constituants du transporteur ABC) (Koster, 2001).

3-1-7- Régulation de l'acquisition du fer par la voie Pvd

La voie de régulation est soumise à une régulation stricte par un double système de contrôle (Schalk et al., 2002):

*** Lorsque la quantité de fer dans la cellule est suffisante***, un rétrocontrôle par une protéine régulatrice appartenant à la famille des protéines métallo-régulatrices de type FUR (pour Ferric Uptake Regulator), qui va réguler négativement le système Pvd en empêchant l'expression des gènes codant pour des enzymes de production et d'acquisition de la pyoverdine. La protéine Fur s'associe alors aux ions Fe^{2+}, ce qui induit un changement de conformation de la protéine et sa dimérisation. Il a été suggéré que deux dimères de la protéine Fur se lient à la double hélice de l'ADN pour former un motif nucléotidique appelé boîte Fur (Lavrrar et al., 2002), réprimant ainsi l'expression des gènes *pvdS*, *fpvR* et *fpvI* (Cornellis et Matthijs, 2002).

*** Dans les conditions de carence en fer,** la protéine Fur est sous sa forme monomérique inactive et reste libre dans le cytoplasme. Une cascade de signalisation (TonB dépendante nécessitant la présence de la boite TonB du récepteur FpvA) va alors réguler positivement le système Pvd en activant l'expression des gènes codant pour les enzymes de production et d'acquisition de la pyoverdine. Plusieurs autres proteines interviennent dans cette cascade de signalisation:

     - Un facteur anti-σ de la membrane interne: FpvR

     - Deux facteurs σ cytoplasmiques, FpvI et PvdS

La cascade de signalisation, qui conduira à l'activation de l'expression des gènes d'assimilation du fer, est initiée par la liaison du complexe ferri-Pvd sur le récepteur FpvA. Cela va induire un changement de conformation en N-terminal qui engendre le positionnement du domaine de signalisation dans le périplasme, permettant son interaction avec la partie C-terminale de la protéine FpvR (James et al., 2005). La protéine FpvR transmet ce signal à travers la membrane interne en se dissociant des deux facteurs σ cytoplasmiques, FpvI et PvdS, afin de leur permettre de se lier l'ARN polymérase (Figure 7):

     - Le complexe FpvI-ARN polymérase va initier la transcription du gène *fpvA* et ainsi l'expression du RTBD FpvA (Redly et Poole, 2003).

- Le complexe PvdS-ARN polymérase va initier la transcription des gènes intervenant dans la production de la pyoverdine et de certains facteurs de virulence comme l'exotoxineA (Wilderman et al., 2001).

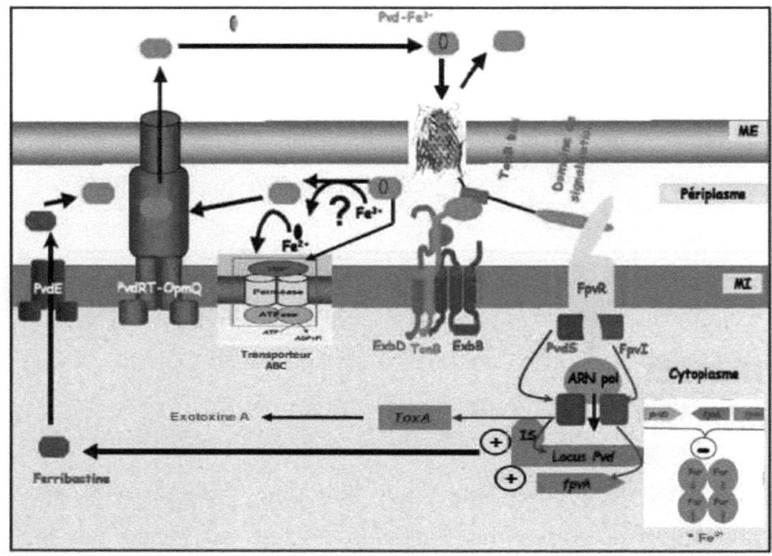

Figure 7: Acquisition du fer par la voie *Pvd* chez *P. aeruginosa* (Schalk et al., 2002)

3-2- Autres sidérophores

Les *Pseudomonas* fluorescents sont capables de produire des sidérophores supplémentaires (tableau 4), dont la production est masquée par les pyoverdines (Cornelis et Matthijs, 2002). Leur détection est possible dans le cadre d'une absence de production de pyoverdine, obtenue à la suite d'une mutagénèse chimique, en utilisant la technique de détection des sidérophores avec le Chrome Azurol Universel (CAS) (Matthijs, et al., 2007). Ces sidérophores secondaires sont habituellement produites en faible quantité par rapport à la pyoverdine. Les mutants présentant une déficience de production de pyoverdine pourrait provoquer une surproduction de ces composés. L'affinité de ces sidérophores aux ions Fe^{3+} est beaucoup plus faible comparée à celle de la pyoverdine, mais pouvant être une solution de secours utile lorsque le système d'acquisition du fer par la pyoverdine est déficient (Cornelis et Matthijs 2002 ; Meyer et Geoffroy, 2004).

4- Autres caractéristiques des *Pseudomonas*

L'efficacité des souches de Pseudomonas fluorescents dépend de leur aptitude à produire certains métabolites. Mise à part les sidérophores, les métabolites responsables d'activités spécifiques intéressantes sont variés dont on va citer par la suite certains d'entre eux.

4-1- Production des bactériocines

Les bactériocines sont les plus abondantes de la gamme de composés antimicrobiens produites par de grandes lignées bactériennes (Riley et Wertz, 2002). Dans le milieu naturel, les bactéries peuvent entrer en compétition pour une niche écologique particulière avec d'autres microorganismes, en secrétant une grande variété de substances chimiques de plusieurs types tels que : des métabolites secondaires comme l'ammoniaque ou le peroxyde d'hydrogène, des antibiotiques comme la Bacitracine, des enzymes bactériolytiques et aussi des bactériocines dont certaines particules correspondent à des phages défectifs. Ces substances ont pour rôle d'éliminer ou d'inhiber les bactéries risquant d'entrer en compétition avec la souche productrice (Gaillard, 1995).

Tableau 4: Liste des sidérophores les plus connus identifiés chez les *Pseudomonas* fluorescents

Sidérophores	Espèces	Caractéristiques
Pyochéline	*P. aeruginosa*	Complexer d'autres métaux Comme (Mo (VI), Co (II))
	P. fluorescens CHAO	
	P. fluorescens Pf-5	
Pseudomonine	*P. fluorescens* WCS374	Faible affinité
Quinolobactin/ thioquinolobactin	*P. fluorescens* ATCC17400	Réprimé par la pyoverdine Activité anti-*Pythium*
Pyridine-2,6-dithiocarboxylic acid (PDTC)	*P. stutzeri* [a] KC	Complexer divers métaux (Cobalt, Copper, Nickel)
	P. putida	Activité antimicrobienne

[a] Espèce ne produisant pas de pyoverdines

• ***Définition des bactériocines:*** Les bactériocines sont définies par les critères suivants:

- Leur spectre d'action est étroit ; seule la croissance des espèces taxonomiquement proches de la souche productrice est inhibée,

- Leur mode d'action est bactéricide,

- Toutes les bactériocines possèdent un composant protéique essentiel à l'activité bactéricide,

- Pour agir, une bactériocine se fixe sur un récepteur spécifique localisé sur la cellule cible,

- La bactérie productrice synthétise également une molécule qui l'immunise contre sa propre bactériocine (protéine d'immunité),

- Le support génétique des deux molécules (bactériocine, protéine d'immunité) est en général plasmidique (Jack et al., 1995).

• ***Diversité des bactériocines:*** Les bactériocines ont été étudiées pour la première fois par Gratia en 1925. Cet auteur a montré que certaines souches sont capables de produire des substances actives spécifiquement sur d'autres souches de la même espèce. A la colicine V, décrite par Gratia en 1925, s'ajoutent de nombreuses autres colicines (*Escherichia coli*), des pyocines (*Pseudomonas aeruginosa*), des pesticines (*Yersinia pestis*) et de nombreuses substances similaires sécrétées par les bactéries lactiques comme la nisine, chez les lactocoques, etc.

• ***Mode d'action et spectre d'activité des bactériocines:*** Ces bactériocines sont inactives contre les souches possédant le même facteur bactériocinogène. Cependant, dans certaines circonstances (exp : irradiation ultraviolette), la même souche est affectée par les substances qu'elle a produites (Briand et Baysse, 2002). On distingue d'un autre côté les:

- Bactériocines des bactéries à Gram négative : Le spectre d'activité des bactériocines des bactéries à Gram négative est taxonomiquement étroit. Ces bactériocines agissent sur les bactéries à Gram négative appartenant à l'espèce productrice et à des espèces et genres voisins, alors que quelques unes peuvent agir sur des bactéries à Gram positive.

- Bactériocines des bactéries à Gram positive : Contrairement aux bactériocines des bactéries à Gram négative, les bactériocines des bactéries à Gram positive ont un spectre d'activité taxonomiquement étendu qui concerne les bactéries à Gram positive appartenant non seulement à l'espèce de la bactérie productrice et aux espèces et genres voisins, mais également à des espèces et genres très éloignés. D'où l'absence de spécificité taxonomique relative qui constitue l'une de leurs caractéristiques (Hamon, 1964).

4-2- Production des substances de croissance : l'Acide Indole-3-Acétique (AIA) ou auxine

L'auxine est une hormone végétale, appelée encore phytohormone. Elle joue un rôle majeur dans le contrôle de la croissance des plantes. Elle est impliquée, même en petite quantité, dans plusieurs étapes de développements de la plante telles que la division cellulaire, l'élongation cellulaire et certaines étapes de différenciation. La production de cette substance de croissance a été mise en évidence, non seulement chez les plantes, mais aussi chez plusieurs espèces bactériennes parmi lesquelles les *Pseudomonas* fluorescents. Ces phytohormones peuvent être absorbées par les racines. Ainsi Libbert et al. (1969) ont montré que des auxines produites par des microorganismes telluriques pouvaient être assimilées par différentes plantes (maïs, pois, concombre). Différents auteurs ont mis en relation l'aptitude de souches microbiennes à produire des substances de croissances *in-vitro* et leur aptitude à modifier, *in-vivo*, la morphologie des plantes de manière analogue aux substances de croissance concernées. Ils en concluent que la stimulation de la croissance des plantes bactérisées est due à la synthèse de substances analogues à celles produites par les plantes elles-mêmes (Brown, 1974).

La synthèse de l'auxine est d'une part, nécessaire pour la croissance des plantes mais d'autre part, elle constitue le facteur virulent du phénomène de l'interaction entre plante hôte et le phytophathogène (Roberto et al., 1990). Loper et Schroth (1986) ont montré que l'effet délétère de certains *Pseudomonas* fluorescents pourrait être associé à l'intensité de la synthèse d'auxine *in*-vitro. Ainsi, ces auteurs ont établi une corrélation entre la concentration d'AIA produite et la réduction de l'élongation racinaire après bactérisation. Cette corrélation a été confirmée en comparant l'effet biologique de l'inoculation d'une souche de *Pseudomonas syringae* pv *savastanoi* productrice d'auxine et de son mutant non producteur d'auxine. La souche sauvage provoque une réduction de la croissance racinaire alors que le mutant demeure sans effet.

Silverstrone et al., (1993) ont supposé que l'auxine peut être responsable de l'augmentation de la perméabilité cellulaire des tissus des plantes hôtes. Dans une autre étude, il a été démontré chez *Bacillus subtilis* SJ-101 que l'auxine permet une augmentation de la croissance de la plante *B. juncea* au niveau d'un sol contaminé par des métaux et multiplie par 1,5 l'accumulation foliaire de Ni (Zaidi et al., 2006).

Gaffney et al., (1990) ont montré qu'en plus de son rôle virulent, l'auxine peut altérer la fonction de certaines enzymes de défense chez la plante hôte telles que les enzymes hydrolytiques comme les chitinases.

4-3- Solubilisation des phosphates

Le phosphore est un élément nutritif essentiel pour la croissance et le développement des plantes qui forme environ 0,2% du poids sec des plantes. Se trouvant au niveau du sol sous des formes inorganiques insolubles et à faible teneur (telles que le tricalcium phosphate, le dicalcium phosphate et le phosphate de roche (rock phosphate)), les phosphates demeurent inaccessibles pour les plantes. De ce fait, la carence en phosphore devient une contrainte majeure à la production agricole (Rosas et al., 2006). Les sols agricoles sont contraints à une accumulation de phosphore à cause de l'application excessive et régulière des engrais chimiques. L'abus de l'utilisation de ces engrais a conduit à une pollution du sol. Par conséquent, ces larges proportions d'engrais seront converties en phosphore sous la forme insoluble et donc indisponible pour les plantes (Popavath et al., 2008b).

De nombreux microorganismes, en particulier ceux qui sont associés aux racines au niveau de la rhizosphère, ont la capacité d'augmenter la croissance et la productivité des plantes (fertilisation). Plusieurs observations, effectuées par Azcon et al. (1976) sur des plantes inoculées avec des bactéries solubilisant les phosphates, mettent en évidence une amélioration du développement des plantes. Les composés insolubles inorganiques du phosphore peuvent être transformés par des bactéries produisant une phosphatase qui joue un rôle majeur dans la minéralisation du phosphore.

Les principales souches actives dans cette conversion appartiennent à une large gamme de genres très diversifiés comprenant *Pseudomonas*, Mycobacterium, Micrococcus, Bacillus, Flavobacterium, Rhizobium, Mesorhizobium et Sinorhizobium (Rosas et al., 2006). Belimov et al. (1995) ont montré que l'inoculation d'un consortium de bactéries peut fournir une nutrition plus équilibrée pour les plantes et améliorer l'absorption racinaire d'azote et de phosphore, ce qui présente le principal mécanisme d'interaction entre les plantes et les bactéries.

Il a été prouvé que certaines espèces de *Pseudomonas* peuvent augmenter l'absorption des éléments nutritifs, comme N, P et K, en plus d'agir comme agents de lutte biologique contre les champignons phytopathogènes et produire des phytohormones dans la rhizosphère, qui favorisent la croissance des plantes (O'Sullivan et O'Gara, 1992). Les souches de *Pseudomonas putida* ont été citées comme des solubilisants efficaces des phosphates (Villegas et Fortin, 2002).

4-4- Système de communication cellulaire appelé *Quorum-sensing* (QS)

Ce système utilise des auto-inducteurs appelés : homosérine-lactone (HSL) et les bactéries à Gram négative utilisent typiquement des molécules diffusibles appelées N-*acyl* homosérine lactone (NAHL). Il existe plus d'une dizaine de dérivés d'AHL, tous se caractérisent par un anneau « homosérine lactone » conservé auquel une chaine d'acide gras N-acylé est lié à la position α1. Ces lactones diffèrent par la longueur et les substitutions de leurs chaînes d'acide gras par 4 à 18 atomes de carbone (Filloux et Vallet, 2003).

4-4-1- Une histoire typique d'une découverte : Vibrio fisheri du calamar

Hastings et al. (1987) ont été les premiers à proposer l'hypothèse du *Quorum- sensing* en observant l'émission de luminescence par *V. fisheri* lorsque cette bactérie atteint une forte densité. Dans l'eau de mer, *fisheri* peut être retrouvé soit à l'état libre, soit en symbiose dans des organes particuliers de certains poissons comme l'espèce de calamar, *Euprymna scolopes*. A l'état libre, *Vibrio fisheri* n'émet pas de lumière. A l'opposé, lorsqu'il se retrouve concentré dans l'organe spécialisé de *Eu. scolopes* à une concentration élevée, il émet une lumière. Cette symbiose entre les calamars et *Vibrio ficheri* permet aux calamars d'échapper à leurs prédateurs. Le concept d'auto-induction et de communication bactérienne a été alors proposé (Ruby et al., 1993).

4-4-2- Biosynthèse des homosérine-lactones (HSLs)

Deux gènes principaux, *luxR* et *luxI* sont impliqués dans ce mécanisme. Le gène *luxI* (*LasI* pour *P. aeruginosa*) code pour une enzyme (AHL synthétase) qui participe à la synthèse d'un auto-inducteur de la famille des AHL (3-oxo-C12-HSL chez *P. aeruginosa*). Ces auto-inducteurs diffusent librement dans le milieu et de bactéries à bactéries. Lorsque la concentration en AHL atteint un seuil critique, elles se lient aux protéines LuxR codées par le gène *luxR* (*Las R* pour *P. aeruginosa*). Le complexe LuxR/AHL devient activateur de la transcription: (i) de gènes impliqués dans la synthèse de la luminescence, (ii) de *luxI* qui synthétise alors plus d'auto-inducteur, et (iii) de gènes impliquées dans la virulence (Figure 8) (Ruimy et Andremont, 2004).

4-4-3- Détection des N-acyl homosérine lactones (NAHLs)

La détection des lactones est possible grâce à des mutants bactériens, ayant perdu leur capacité de production de NAHL, mais toujours sensibles à un apport de NAHL exogène. En présence de la NAHL exogène, ces mutants bactériens vont produire un composé chromogénique, ou une enzyme dont l'activité sera facilement détectable. Un des biosenseurs utilisés est *chromobacterium violaceum*. Chez ce microbe, la production d'un pigment violet (la violacéine) est régulée via la production de NAHL. Le mutant de cette souche ayant perdu la capacité de produire des NAHLs aura aussi perdu la capacité de synthèse de violacéine. Celle-ci sera restaurée, et visible, si l'on apporte des NaHL exogènes. Compte tenu du spectre limité des molécules détectés par *chromobacterium*, d'autres senseurs existent tels que les *Agrobacterium* (Elasri et al., 2001).

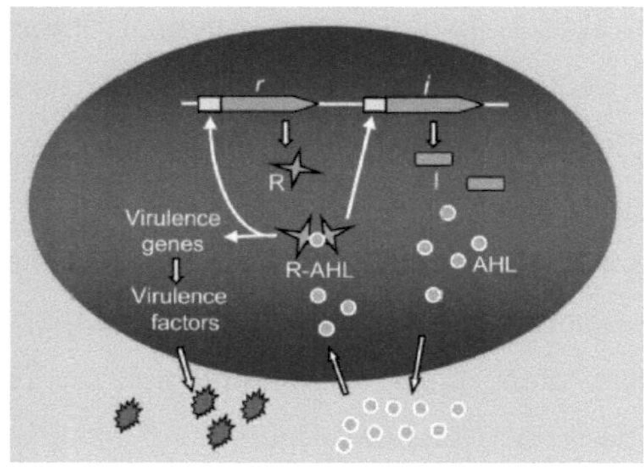

Figure 8: Représentation schématique du système *Quorum-sensing* dépendant de *l'acyl*-homosérine lactones chez les bactéries à Gram négatives.

Symbole : r, gène codant la transcription des LuxR (R); i, gène codant la transcription des LuxI AHL synthétase(I). (Dong et Zhang, 2005)

4-4-4- Implication du Quorum-sensing dans la régulation phénotypique

IL a été démontré que le *quorum-sensing* participe à la régulation de divers phénotypes, chez les bactéries à Gram positives et à Gram négatives, tels que la production de sidérophores, d'exopolysaccharides, d'antifongiques, d'antibiotiques, l'organisation en biofilm, le "swarming", ainsi que l'expression et la propagation du pouvoir pathogène, jouant un rôle crucial en matière de colonisation microbienne de différentes niches écologiques (Figure 9) (Diggle et al., 2008). Quelques exemples de l'impact du *quorum-sensing* seront cités par la suite:

• *Virulence:* Chez plusieurs genres bactériens (*P. aeruginosa, S. aureus, v. cholerae...*), le *quorum-sensing* amplifie et coordonne l'expression de gènes dits de virulence par activation de leur transcription. Différents types de modèles animaux ont été utilisés pour préciser le rôle du *quorum-sensing* dans la pathogénie de *P. aeruginosa*. Dans le modèle de pneumopathie à *P. aeruginosa* chez la souris nouveau-née, l'intensité de l'infection est appréciée sur la capacité à déclencher une pneumonie aiguë, une bactériémie et une mortalité du souriceau. En comparaison, la souche dérivée de PAO1 et rendue déficiente en lasR déclenche une pneumonie beaucoup moins sévère, peu ou pas de bactériémie, et une mortalité significativement plus basse (Wagner et al., 2003). Chez ces microorganismes, le *quorum-sensing* régule la production d'un arsenal de facteurs de virulence dont les elastases, les pyocyanines, les exotoxines A, etc.

• *Fonctions des cellules hôtes eucaryotes :* Parmi les AHLs, seul le 3-oxo-C12-HSL présente chez l'hôte eucaryote une activité immuno-modulatrice. Le 3-oxo-C12-HSL joue un rôle dans l'infection en inhibant la prolifération lymphocytaire et la production des cytokines. Les AHLs vont déterminer alors le type de réponse immunitaire déclenchée lors de l'infection. En outre, AHL peut aussi avoir des effets cardio-vasculaires, en stimulant la vasodilatation. Par conséquent, le 3-oxo-C12-HSL n'exerce pas uniquement un rôle de régulation de la virulence dépendant du *quorum-sensing* mais agit également directement sur les défenses immunitaires de l'hôte et pour stimuler la livraison des nutriments, pour leur survie, en augmentant l'alimentation sanguine (Ritchie et al., 2003).

• *Formation du biofilm:* P. aeruginosa a la capacité de former des biofilms dont l'architecture est constituée de microcolonies engainées dans des exopolysacharides d'alginate qui se structurent en forme de champignons séparés par des canaux permettant la circulation de nutriments. Les bactéries situées au sein des biofilms deviennent résistantes à la phagocytose, aux anticorps, aux désinfectants et aux antibiotiques. Ces biofilms représentent la principale cause de persistance de la pneumopathie chez les patients mucoviscidosiques. Il a été montré que le *quorum-sensing* joue un rôle dans la dernière étape de formation du biofilm (l'étape de structuration, plus d'explication au paragraphe 4-5); ce qui n'est pas surprenant puisque le *Quorum-sensing* est dépendant d'une forte densité bactérienne. Le biofilm obtenu à partir d'une souche mutée dans le gène *lasI* est plus fin, peu structuré, et sensible à l'action d'un détergent SDS à 0.2%. L'addition de 3-oxo-C12-HSL restaure un biofilm structuré et confirme le rôle essentiel du QS via lasI (Consterton et al., 1999).

Le rôle de l'AHL dans la formation du biofilm a été aussi démontré chez les bactéries (saprophytes ou phytopathogènes) associées aux plantes. Elasri et al. (2001) ont observé que les bactéries saprophytes ou phytopathogènes isolées au voisinage des plantes produisent plus fréquemment les AHLs comparées à celles isolées du sol. Sur les bases de ce résultat, il a été spéculé que plus la relation est intime entre la plante hôte et la bactérie, plus la probabilité que cette dernière produit les AHL. Quinones et al. (2004) ont remarqué qu'une sorte de communication cellulaire entre les souches phytopatogènes de *P. syringae* est détectable au niveau des agrégats denses multicellulaires distribués à divers endroits de la surface des feuilles.

• ***Communication croisée (cross-talk) et symbiose bactérienne:*** Les recherches initiales sur le *quorum-sensing* se sont fixées uniquement sur le rôle du système de communication entre bactéries d'une même population. Cependant la découverte que le signal utilisé entre bactéries à Gram négatives est très similaire ou même identique, a incité de penser que ce signal pourrait bien être utilisé pour une communication croisée entre organismes partageant le même environnement. Comme exemple, ce type de communication est détecté entre *P. aeruginosa* (à Gram négative) et *Staphylococus aureus* (à Gram positive), qui coexistait au niveau des poumons de patients atteints de mucoviscidose, où le AHL du premier influence l'expression des facteurs de virulence du second (communication bidirectionnelle) afin d'augmenter la résistance aux antibiotiques (Diggle et al., 2008).

• **Induction de la résistance des plantes:** Une étude effectuée par Schuhegger et al. (2006) a montré la présence de bactéries productrices d'AHL au niveau de la rhizosphère de la tomate, ce qui a pour effet d'augmenter la quantité d'acide salicylique au niveau des feuilles et d'améliorer sa résistance systématique contre les champignons pathogènes se développant au niveau des feuilles. De ce fait, les AHL jouent un rôle important dans les activités de biocontrôle des rhizobactéries.

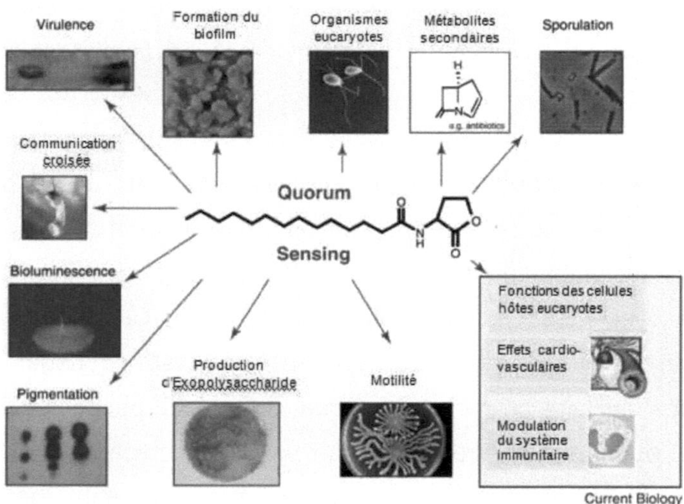

Figure 9: Les différents phénotypes régulés par *quorum sensing* chez les bactéries à Gram positives et négatives (Diggle et al., 2008).

4-4-5- Mécanismes d'interférences avec le quorum-sensing *(*Quorum- Quenching*)*

Plusieurs études ont rapporté la présence de stratégies d'interférences qui sont employées par certains organismes au niveau de leurs écosystèmes naturels pour perturber le mécanisme de communication *quorum-sensing* d'espèces compétitives de voisinage. Tous les mécanismes qui peuvent interférer avec le *quorum-sensing* se regroupent sous le terme *Quorum-Quenching* (QQ) (Dong et Zhang 2005). Ces inactivations sont méditées par deux types d'enzymes :

• ***AHL lactonases:*** La première enzyme (AiiA) inactivant les AHLs, codée par le gène *aiiA*, a été identifiée chez une souche de Bacillus sp. 240B1. Elle a été définie comme une N-acyl homosérine lactone lactonase suite à des analyses chromatographiques et de spectrométrie de masse des produits de dégradation (Dong et al., 2000 ; Defoirdt et al., 2004). Molina et al., (2003) ont testé l'efficacité de l'utilisation de la lactonase chez les Bacillus dans le biocontrôle des plantes infectées par le phytopathogène *Erwinia carotovora*, ce qui a pour effet de réduire la tuberculose de la pomme de terre.

Les lactonases hydrolysent la liaison C1 de l'anneau de lactone libérant un N acyl- homosérine (AHS) (Figure 10).

• ***AHL acylases produites par les Pseudomonas:*** Les travaux de Huang et al. (2003) ont indiqué l'existence d'une spécificité d'inactivation vis-à-vis des AHLs. Par opposition des souches de *V. paradoxus* et de Ralstonia sp., des *Pseudomonas* isolées du sols ne dégradent que des AHLs à longue chaine acyl (dont le nombre d'atomes de carbone est égale ou supérieur à huit) utilisés comme source d'énergie.

La multi-résistance aux antibiotiques de *P. aeruginosa* et l'absence de perspectives de développement de nouveaux antibiotiques nécessitent d'explorer d'autres voies thérapeutiques. L'inhibition du *quorum-sensing* s'inscrit tout à fait dans cette démarche. A la différence des antibiotiques, l'inhibition du *quorum-sensing* n'a pas d'action directe sur la croissance bactérienne mais sur la réduction de la virulence de *P. aeruginosa*.

Actuellement, trois cibles potentielles peuvent être envisagées par inhibition: de la synthèse et l'activité des AHL, de la formation des complexes LasR/AHL correspondants et de la transcription de *lasR* et *lasI* (Tateda et al., 2001).

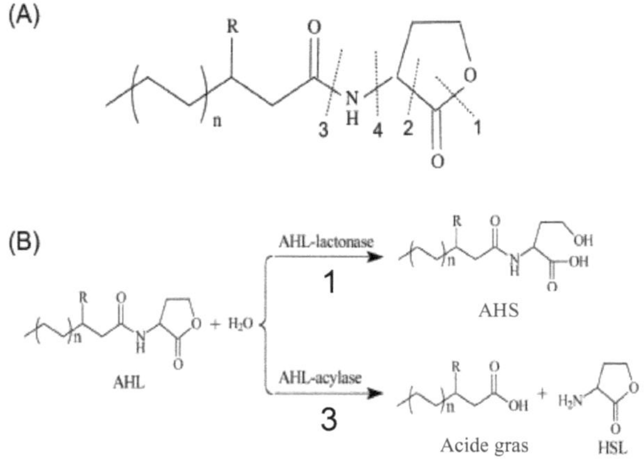

Figure 10: Structure générale du signal AHL (A) et dégradations des AHLs par AHL-lactonase et AHL-acylase.

AHS: *Acyl*-homosérine, HSL: Homosérine lactone (Dong et al., 2005).

4-5- Le biofilm chez les *Pseudomonas* fluorescents

La plupart des micro-organismes favorisent un mode de vie où la population bactérienne se trouve fixée sur un support (état sessile) plutôt que libre et isolée dans le milieu environnemental (état planctonique). L'attachement sur une surface est une « stratégie de survie » qui permet à la bactérie de s'installer et de coloniser un environnement. Après attachement sur un support, les bactéries vont mettre en place et développer une communauté organisée à laquelle William Costerton et al. (1999) a donné le nom de « biofilm ». Cette structure représente le mode de vie normal d'une bactérie (Klinger et al., 2005). Il est supposé que le biofilm est la première forme de vie enregistrée sur la planète, tout en étant estimé que la plupart des micro-organismes sur la terre sont organisés en biofilms et peuvent même se produire dans des environnements extrêmes comme les cheminées hydrothermales et les centrales nucléaires (Costerton et al ., 1987).

Le biofilm se définit comme une population bactérienne adhérée à une surface et enrobée d'une matrice d'exopolysaccharides. La formation et le développement d'un biofilm découlent d'une suite de cinq étapes (Figure 11) (Costerton et al, 1999).

L'étape initiale d'attachement (adhésion) fait intervenir des appendices générateurs de mouvement (adhésines dont la structure est de type Cup chez *Pseudomonas*) qui permettent d'approcher la surface à coloniser (O'Toole et al., 1998a). Cette approche conduit à un attachement transitoire pendant lequel la bactérie va chercher à « évaluer » la surface d'adhérence. Dans un deuxième temps, une association stable avec la surface ou avec d'autres micro-organismes déjà présents s'établit. Ces rassemblements de bactéries conduisent à la formation de microcolonies et la sécrétion d'une matrice extracellulaire de polysaccharides dont la différenciation mène à l'élaboration du biofilm (Costerton et al, 1999). La matrice d'exopolysaccharides (EPS), essentiellement l'alginate pour les *Pseudomonas*, représente quelque 85% du volume total. Cette matrice renforce la structure du biofilm tout en lui conservant une grande plasticité. Ils entrent alors en phase de maturation. La structuration des microcolonies en biofim mature implique l'expression de certains gènes liés au *quorum-sensing*, la répression de l'expression des gènes responsable de la mobilité (pili et flagelle) et la production des EPS. Au sein du biofilm, les microcolonies sont séparées par des canaux aqueux qui forment un réseau de circulation permettant, d'une part, d'acheminer l'oxygène et les nutriments dans les régions enfouies du biofilm et, d'autre part, d'évacuer les déchets. Le matériel soluble peut diffuser à travers la matrice d'exopolysaccharides et être utilisé par les bactéries. La colonisation par le biofilm se fait soit par le détachement d'un fragment, soit par la libération de bactéries planctoniques ayant retrouvé leur mobilité (l'étape de dissémination) (Filloux et Vallet ,2003 ; West et al., 2007).

Ce mode de vie est d'un grand intérêt pour la bactérie puisqu'il lui confère une résistance à différentes sources de stress (exposition aux UV, antibiotiques, dessiccation, changement du pH, phagocytose) auxquelles les bactéries planctoniques sont sensibles (Costerton et al., 1999).

Les biofilms peuvent coloniser un large éventail de domaines, comprenant essentiellement les secteurs industriels, différents milieux naturels (sol, sédiment, etc.) et biomédicaux (Bryers, 2000).

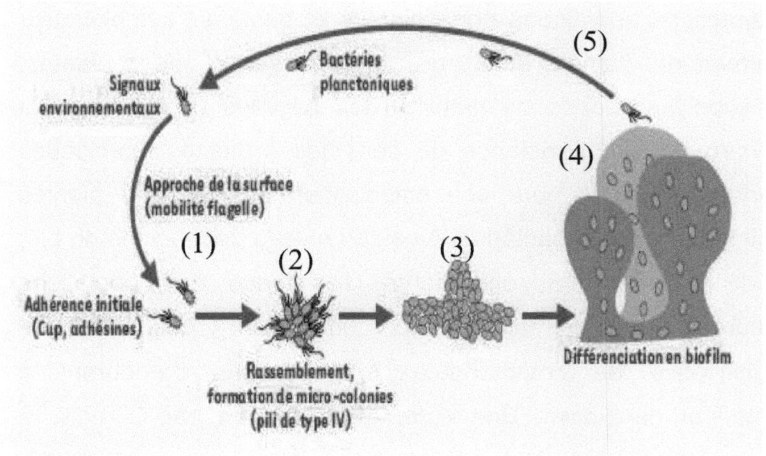

Figure 11: Représentation schématique du modèle de formation d'un biofim

(1) Adhésion; (2) Formation des microcolonies ; (3) Sécrétion de la matrice ; (4) Maturation ; (5) Dissémination (Filloux et Vallet, 2003)

4-5-1- Biofilms bénéfiques

Une des principales applications qui repose sur l'aptitude des cultures microbiennes à former des biofilms, est le traitement des eaux usées. Les principales technologies adoptées dans l'épuration des eaux usées, comme les lits bactériens et les disques biologiques, se servent du biofilm pour éliminer d'autres bactéries (pathogènes ou phytopathogènes ou dégrader les matières organiques et les composés toxiques (DCO, DBO, MES, etc.) (Pereira, 2001).

Concernant le monde végétal, il peut en exister des interactions bénéfiques entre plantes et bactéries symbiotiques permettant l'amélioration de la croissance des plantes. L'exopolysaccharide, la mobilité des flagelles (''swimming'' et ''swarming'') et l'existence de certaines protéines spécifiques sont nécessaires pour une colonisation efficace des plantes hôtes par les rhizobactéries. Ainsi, au niveau des racines du blé, Watt et al. (2006) ont montré l'existence de populations naturelles de *Pseudomonas* comprenant une diversité significative de communautés microbiennes demeurant à l'intérieur de biofilm. Une autre étude menée par O'Toole et Kolter (1998b) a montré que la souche *P. fluorescens* WCS365, en formant un biofilm autour des racines de diverses plantes, participe dans la protection des plantes contre les champignons et les bactéries phytopathogènes.

4-5-2- Biofims néfastes

• ***De point de vue clinique:*** Parmi les bactéries importantes sur le plan médical, *P. aeruginosa* a fait l'objet d'études assez complètes sur les mécanismes moléculaires intervenant dans le développement d'un biofilm. *P. aeruginosa* est directement responsable du taux de mortalité élevé chez les patients atteints de mucoviscidose et des brulés. La pathogénicité de *P. aeruginosa* met en jeu plusieurs facteurs comme les adhésines (permettant l'attachement), les toxines et les métabolites comme les phénazines. L'infection chronique se caractérise par la formation du biofilm bactérien au niveau des poumons des patients. L'éradication d'un biofilm bactérien pose de graves problèmes sur le plan médical. En effet, si les traitements antibiotiques classiques sont efficaces sur les bactéries planctoniques, ils s'avèrent bien moins probants sur un biofilm (Brooun et et al., 2000). Elle peut s'expliquer par différents facteurs comme la baisse du taux de pénétration de l'antibiotique à travers la matrice, le ralentissement de la croissance et un défaut d'oxygène pour les couches inférieures du biofilm. De ce fait, il existerait au sein du biofilm des sous-populations avec différentes physiologies entraînant des modifications particulières; par exemple, le changement de phénotype d'une population en présence d'un antibiotique. Ces changements phénotypiques, dus à des modifications d'expression de gènes, ont un rôle important dans cette résistance aux antibiotiques (Haagensen et al, 2007).

• ***De point de vue environnemental:*** Les *Pseudomonas* phytopathogènes ont été rapportés à former un biofilm plus épais et plus confluents au niveau des tissus racinaires, contrairement aux *Pseudomonas* bénéfiques (Walker et al., 2004).

4-5-3- *Rôle des Exopolysacchrides (EPS) dans la formation de différents types de biofilm*

Trois principaux polysaccharides sécrétés par les *Pseudomonas* sont impliqués dans la formation des différentes structures du biofilm.

• L'alginate est le plus étudié qui se compose d'acide uronique, d'acide mannuronique et de l'acide guluronique. Chez les souches non-mucoïdes, l'alginate n'apparaît pas comme étant un composant important de la structure du biofilm (Wozniak et al., 2003). La mucosité est caractérisée par la surproduction d'alginate et son impact sur la formation de la structure du biofilm est grand.

• Le deuxième exopolysaccharides est ''Psl'' dont la synthèse est codée par 13 gènes (*psl A-O*) est riche en polymères de mannose. La principale fonction de Psl chez les souches non-mucoïdes est l'adhésion et l'attachement à de nombreux supports. Les souches surproduisant les Psl présentent des colonies de morphologies distinctes, appelées : RSCV (rough, small colony variants). Ces dernières sont caractérisées par une hyper adhérence aux surfaces (Kirisits et al., 2005).

• Le dernier exopolysaccharide est ''Pel'', dont la synthèse est codée par 7 gènes (*pel A-G*), est riche en polymères de glucose. Pel joue un rôle important dans le maintien de la maturation du biofilm (Vasseur et al., 2005).

4-6- Mécanismes de lutte biologique développés par les *Pseudomonas*

4-6-1- Introduction aux biopesticides

Actuellement, ce sont essentiellement des pesticides de synthèse qui sont utilisés pour lutter contre plusieurs agents ravageurs (animaux, plantes parasites, insectes ou microorganismes pathogènes). Ces produits chimiques ont des conséquences néfastes sur (1) l'environnement (pollution des sols), (2) l'apparition de mécanismes de résistance chez les pathogènes et (3) la déstabilisation de l'écosystème en altérant les équilibres de la biocénose par accumulation des résidus et en provoquant des risques toxicologiques pour l'homme (Lombardo et Ianotta, 2002).

Des alternatives écologiques efficaces ont été développées afin d'éviter l'utilisation des composés polluants ; c'est l'exploitation des propriétés des microorganismes PGPR (rhizobactéries promotrices de la croissance des plantes). Ces derniers sont de très bons colonisateurs des systèmes racinaires et des couches du sol avoisinantes (rhizosphère). Ils constituent, de plus, d'excellents compétiteurs microbiens, capables de persister à des densités de populations élevées (Lemanceau, 1992).

4-6-2- Potentialités des *Pseudomonas* en tant qu'agents de lutte biologique

D'une façon générale, les *Pseudomonas*, comme la plupart des PGPR, peuvent agir positivement sur le développement du végétal de manière directe ou indirecte.

Effets directs: La promotion directe de la croissance des plantes hôtes se présente par :

- La synthèse d'hormones de croissance végétale (AIA) peut agir plus ou moins fortement sur différents stades de la croissance selon la sensibilité de la plante. De plus, par leur seule présence, les bactéries peuvent stimuler la synthèse de telles hormones (auxines végétales) par les cellules végétales elles-mêmes (Gaudin et al., 1994).

- La solubilisation du phosphore et la fixation de l'azote atmosphérique qui seront ensuite rendus disponibles aux plantes sous formes organiques (Kloepper et al. 2004).

- La production de molécules chélatrices du fer (exp: les pyoverdines). Le fer une fois complexé au sidérophore n'est assimilable que par les microorganismes producteurs ou possédants des récepteurs membranaires spécifiques capables de reconnaître le sidérophore. Privée du fer, la flore tellurique nuisible ralentit sa croissance et sa densité dans la rhizosphère est diminuée (Figure 12). Cette particularité peut favoriser les PGPR dans le processus de la colonisation et la compétition pour le substrat mieux que d'autres habitants microbiens de la rhizosphère (Lemanceau, 1992).

Effets indirects: Le mécanisme le plus cité comme étant étroitement lié à l'inhibition de la croissance des microorganismes phytopathogènes responsables de l'infection par les PGPR est la production de composés antibiotiques. Plusieurs molécules de ce type synthétisées par les *Pseudomonas* fluorescents sont impliqées dans la lutte contre des champignons virulents; citons les phénazines pour la protection contre *Gaeumanomyces graminis* (Thomashow et al., 1990), la pyrrolnitrine envers plusieurs pathogènes dont *Rhizoctonia solani* (Howell et Stipanovic, 1979), l'oomycine A contre *Pythium ultimum* (Howie et Suslow, 1991) ou encore la pyolutéorine et le 2,4-diacétylphloroglucinol. De ce fait, ces antibiotiques sont responsables de l'action antagoniste *in-vivo* des *Pseudomonas* fluorescents vis-à-vis des agents phytopathogènes.

Les *Pseudomonas* pourraient non seulement contrôler les plantes et aider à augmenter leur croissance, mais aussi ils sont capables de dégrader, modifier la structure ou délocaliser différents types de polluants (hydrocarbures, métaux lourds, dioxines, etc.) qui existent au niveau des sols ou des eaux polluées. Ces microorganismes sont alors particulièrement adaptés pour une application comme étant agents de bio-contrôle et de bio-fertilisation (Latour et al. 2003).

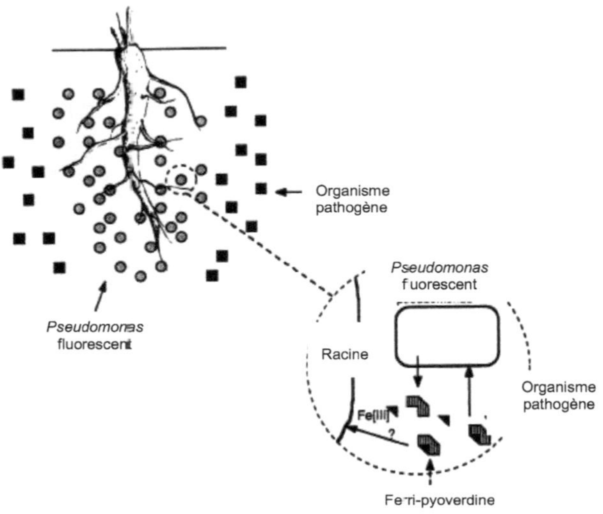

Figure 12: Schéma explicatif de l'inhibition de la croissance des agents pathogènes par la séquestration du fer via les sidérophores des *Pseudomonas* fluorescents (O'Sullivan et O'Gara, 1992).

5- Méthodes de typage des souches de *Pseudomonas* fluorescents

Au niveau de ce paragraphe, les méthodes classiques, moléculaires (RFLP, ITS, Box-PCR et séquençage des gènes 16S et rpoB), analytique (IEF) et biologique (cross incorporation du fer radioactif) ont été utilisées pour l'identification et la classification des *Pseudomonas* fluorescents isolés de différents milieux naturels.

5-1- Méthodes classiques

L'identification d'une souche de *Pseudomonas* dans un échantillon (eau, sol, compost…) nécessite principalement l'utilisation de milieux de culture spécifiques pour son développement. Ainsi, la sélection du genre bactérien étudié repose sur le choix du milieu de culture, la période d'incubation, la température et le pH favorables pour leur développement. L'identification se base en premier lieu sur leurs caractères morphologiques et biochimiques. Ces méthodes classiques d'identification restent toujours insuffisantes pour différencier entre les différentes espèces de *Pseudomonas*; c'est pour cette raison que le recours aux méthodes moléculaires et aux méthodes basées sur la production de la pyoverdine s'est avéré nécessaire.

5-2- Méthodes moléculaires

Jusqu'à nos jours, la plupart des études de la diversité microbienne menées dans les écosystèmes complexes (eaux, sols,…), ont été influencées essentiellement par l'incapacité de cultiver tous les microorganismes et le manque de sensibilité des méthodes microbiologiques traditionnelles (Nocker et al. 2007). L'application de nouvelles méthodes de biologie moléculaire s'avère un bon complément aux méthodes classiques de culture. Les analyses comparatives de la petite sous-unité 30S du ribosome et d'autres gènes (gyrB, rpoB,…) ont découpé le monde bactérien en ordres, familles, genres, espèces, sous-espèces.

Quelque soit la méthode moléculaire suivie, on commence toujours par l'extraction de l'ADN génomique des bactéries. Ces extraits d'ADN permettront par la suite d'étudier la diversité microbienne des différents échantillons. En effet, plusieurs techniques ont été développées pour obtenir de manière rapide une image de cette diversité.

5-2-1- Amplification et séquençage des gènes codant l'ARNr 16S et rpoB

Le gène ADNr 16S est composé de régions conservées permettant l'appariement d'amorces universelles (au niveau de leurs extrémités 5' et 3') ou spécifiques d'amplification et de 9 zones hypervariables (de V1 à V9) permettant la distinction de l'espèce (Baker et al., 2003). Les régions hypervariables se caractérisent par une diversité nucléotidique très importante et permettent de séparer facilement des espèces voire des souches d'une même espèce. Les régions conservées (notées de A à J) constituent le squelette inamovible de la sous-unité 16S de l'ARN ribosomal si bien qu'elles constituent des cibles idéales pour une amplification universelle par PCR (Figure 13). L'amplification du gène 16S rDNA peut être suivie de restriction enzymatique (ARDRA) (Paragraphe 5-2-4) et/ou de séquençage. Cependant il arrive que des espèces très proches phylogénétiquement ne soient pas distinguables par la comparaison de la séquence du gène codant l'ARNr 16S (Fox et al., 1992). D'autres gènes peuvent alors être comparés tel que rpoB, codant la sous-unité β de l'ARN polymérase, dont la résolution taxonomique est plus forte (Mollet et al., 1997). L'appartenance taxonomique est confirmée par le séquençage des gènes codant l'ARNr 16S et rpoB et leur comparaison avec les banques de données internationales.

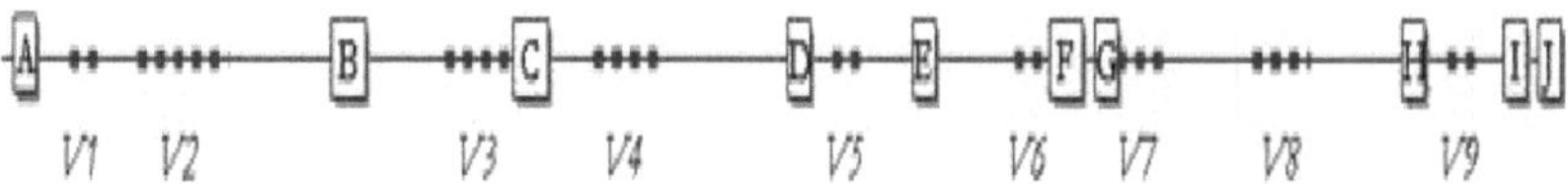

Figure 13 : Représentation schématique de la distribution des régions hypervariables ainsi que des régions conservées du gène de l'ARN 16S (orientation 5'– 3') (Yu et Morisson, 2004).

5-2-2- Amplification des espaces intergéniques de l'ADN ribosomique (ITS)

Les espaces intergéniques de l'ADN ribosomal (Internally Transcribed Spacer ou ITS) sont des séquences très variables en taille et en position dans l'opéron des trois ARNr (16S, 23S, 5S). Le premier, le plus utilisé, est présent entre l'extrémité 3' du 16S rDNA et l'extrémité 5' du 23S rDNA (GonZalez et al., 2003). Sa taille varie de 400 à 100 pb. Il peut contenir des séquences codantes pour des ARN de transfert (ARNt) ou aucune séquence codante (Boyer et al., 2001). Les régions conservées du gène 16S et 23S l'entourant permettent l'appariement des amorces universelles ou plus spécifiques et donc l'amplification de l'ITS. Tout comme le 16S rDNA, l'ITS peut être présent en multiples copies dans un même génome (Sadeghifard et al., 2006). L'amplification de la région ITS fournit rapidement différents profils, donnant une idée sur les différents types d'espaces intergéniques existant chez les bactéries étudiées et permettant ainsi des comparaisons entre les populations (Gürtler et al., 1999).

5-2-3- La BOX-PCR

Cette technique permet d'examiner les profils des souches obtenues après amplification des éléments conservés et répétitifs de l'ADN présents dans le génome bactérien. Les profils PCR générés avec cette amorce ciblant les régions consensus sont caractéristiques d'une espèce donnée et même de la souche étudiée faisant de cette approche un outil pour l'investigation de la diversité et la ségrégation entre souches et lignées génomiques (Schloter et al., 2000). Plusieurs études sur la BOX-PCR ont montré un pouvoir discriminatoire supérieur à celle d'autres méthodes de typage, comme la RAPD-PCR (Michaele Olive et Bean, 1999). Ainsi les résultats du typage par cette méthode s'avèrent en corrélation avec ceux de la PFGE, mais avec un pouvoir discriminatoire légèrement faible (Wu et Della-Latta, 2002 ; Hafiane et Ravaoarinoro, 2008).

5-2-4- Le polymorphisme de longueur des fragments de restriction (RFLP)

La RFLP est utilisée pour différencier ou comparer des molécules d'ADN. L'ADN bactérien extrait est purifié et amplifié par PCR. Cet ADN est par la suite coupé en fragments par une enzyme de restriction. Cette dernière coupe l'ADN au niveau d'une séquence qui lui est spécifique. Les fragments d'ADN, ainsi obtenus et nommés fragments de restriction, sont ensuite séparés selon leur longueur par électrophorèse sur gel d'agarose, de polyacrylamide ou par électrophorèse en champs pulsés (Soultos et Madden, 2007). L'*Amplified Ribosomal DNA Restriction Analysis* (ARDRA) est une RFLP réalisée sur le gène 16S (Huybens et al. 2009).

5-3- Méthodes analytiques (IEF) et biologiques (incorporation du fer radioactif)

La possibilité de discrimination entre les pyoverdines qui comptent actuellement plus de cent molécules différentes (lors d'une étude intensive sur plus de 3000 souches de *Pseudomonas*), est basée sur leurs chaînes peptidiques spécifiques de chacune des souches (Meyer, 2010).

Le sidérotypage est une technique rapide et simple qui a été mise au point afin de caractériser une pyoverdine produite par une espèce donnée. Elle est basée sur l'isoélectrofocalisation (IEF) et l'incorporation du fer radioactif. L'IEF est utilisée conventionnellement pour la différenciation entre ces protéines sur la base de leurs valeurs de pH (pHi). La présence de différentes chaînes latérales conduit à des valeurs différentes de pHi permettant la séparation des composés par électrophorèse

(Meyer et Geoffroy, 2004 ; Fuchs et al., 2001). Les profils identiques d'IEF correspondent généralement à des pyoverdines similaires mais qui peuvent correspondre à des pyoverdines présentant des différences structurales n'affectant pas la charge globale de la molécule. La stricte spécificité des pyoverdines dans le transport du fer permet une discrimination facile entre des pyoverdines de même profil mais de structure différente (Meyer, 2010). En fait, après l'analyse des profils IEF, un test complémentaire basé sur l'incorporation du complexe ^{59}Fe-pyoverdine permet d'établir la spécificité des récepteurs membranaires aux complexes adéquats. Par conséquent, toutes souches appartenant à un groupe génomique bien défini produisent une pyoverdine identique et chaque groupe génomique est caractérisé par une pyoverdine spécifique.

Objectifs du travail

Les *Pseudomonas* fluorescents sont des bactéries ubiquitaires, répandues dans un vaste écosystème, pouvant être isolées de diverses origines comme les eaux usées, l'eau de mer, le sol, les végétaux et aussi le milieu clinique. Les espèces constituant ce groupe sont d'une grande importance sanitaire et biotechnologique. En effet, *P. aeruginosa* est une bactérie pathogène des mammifères et de l'homme, *P. fluorescens* et *P. putida* sont utilisées dans la lutte biologique en tant que biopesticide, agent de bio-contrôle et promoteur de la croissance des plantes et enfin, *P. syringea* est une bactérie phytopathogène qui nuit à la croissance et le développement des plantes hôtes. De ce fait, la caractérisation des *Pseudomonas* pourvues de diverses activités représente une stratégie très prometteuse en tant que bio-inoculant et de bio-fertilisant.

Dans la présente étude, on a pour objectif d'analyser une collection de 66 souches de *Pseudomonas* fluorescents. Ce travail a été focalisé sur deux principaux axes : l'étude des relations phylogénétiques entre les isolats et la détection d'éventuelles activités essentiellement chez les espèces saprophytes. En outre, une évaluation de l'abattement des *Pseudomonas* au niveau de la station pilote d'épuration d'El Menzeh I, a été aussi procédé.

La première partie du travail, cherche à adresser l'identification et le typage, et aussi à analyser les relations phylogénétiques des espèces de ce groupe et ceux en se basant sur différentes approches :

1- L'isolement et la caractérisation morphologique et biochimique afin de confirmer leur appartenance au genre *Pseudomonas*.

2- L'étude du polymorphisme de restriction des gènes 16S codant l'ARNr (ARDRA) ainsi que le polymorphisme des espaces intergéniques (amplification universelles des fragments ITS) des 66 isolats de *Pseudomonas*.

3- La Box-PCR ciblant la totalité du génome bactérien et permettant un niveau de résolution plus fin, a été appliqué. Cette technique permettra de préciser les relations phylogénétiques entre les souches et de développer des marqueurs moléculaires d'espèces ou de groupe d'espèces.

4- Une comparaison de la résolution taxonomique a été procédée à la suite du séquençage des gènes codant l'ARNr 16S et rpoB.

5- Une étude des pyoverdines par isoélectrofocalistion (IEF) et par incorporation du complexe pyoverdine-fer radioactif a été entreprise dans le but de consolider notre caractérisation et de rechercher une possible corrélation entre le sidérotypage et les techniques moléculaires utilisées au cours de cette thèse.

Dans la seconde partie du travail, on s'est intéressé à certaines activités des *Pseudomonas* fluorescents. Pour cela, plusieurs analyses ont été effectuées :

1- La mise en évidence de la production de la lactone et d'enzyme inhibant cette dernière qu'est la lactonase ayant un rôle dans la perturbation de la communication cellulaire.

2- La sélection de souches produisant une substance de croissance (l'Acide Indole-3-Acétique) capables de solubiliser les phosphates (présence de phosphatase) et dotées d'activités d'antagonisme (production de bactériocines).

3- Une évaluation qualitative et quantitative du biofilm produit par les diverses souches.

La troisième partie s'est focalisée sur le dosage des pyoverdines produites par quatre souches en état de carence en fer. L'impact de la présence de divers métaux lourds (Fe, Zn et Mn) sur la croissance bactérienne et la production du sidérophore a été aussi testé.

MATERIÉL & MÉTHODE

1- Etude de la diversité chez les *Pseudomonas* fluorescents

1-1- Isolement, culture et conservation des souches bactériennes

Les souches de *Pseudomonas* fluorescents (66 souches) décrites dans la présente étude ont été isolées, sur une période d'environ une année (2005-2006), et à partir de diverses origines (eaux usées, composts, plantes épuratrices (Jacinthe d'eau), sols amendés, eaux de mer, eaux thermales, sols et du milieu hospitalier) (Tableau 5).

En utilisant la méthode de dilution décimale, on prend stérilement 10 g ou 10 ml de l'échantillon qu'on suspend dans 90 ml d'eau physiologique (0,9% NaCl). Une série de dilution est ensuite réalisée jusqu'à 10^{-5} et un volume de 0,1 ml à partir des dernières dilutions est étalé sur milieu King B (Scharlau, ref : 01-029). Après incubation de 48 h à 25°C, on observe l es boites sous UV.

Chacune des colonies différentes phénotypiquement et développant un halo fluorescent est sélectionnée, repiquée et enfin purifiée sur gélose nutritive.

Les souches bactériennes isolées ou de référence sont ensuite conservées en ajoutant au glycérol 50% un même volume de la culture bactérienne (1 :1, vol/vol) et stockées à -80°C.

Les principaux milieux de culture utilisés ainsi que leur composition sont cités en annexe.

1-2- Caractérisation morphologique

Les souches de *Pseudomonas* fluorescents sélectionnées sont caractérisées par l'observation de la forme et de la pigmentation des colonies sur milieu King A et King B. Le type de Gram et la morphologie sont déterminées par l'examen microscopique après coloration différentielle d'un frottis d'une culture pure et jeune de 16 h d'incubation à 25°C.

1-3- Caractérisation biochimique

Bien que les tests biochimiques constituent une approche classique pour l'identification des bactéries, il n'en demeure pas moins qu'ils sont particulièrement utiles pour la détermination de certaines espèces et sous espèces de bactéries.

Test de l'oxydase : La recherche de l'oxydase consiste à mettre en évidence la capacité des bactéries testées (possédant le système cytochrome C dans leur chaine respiratoire) à oxyder la forme réduite incolore de dérivés N-méthylés du paraphénylène diamine, en leur forme oxydée semi-quinonique rose violacé.

On prélève à la pipette Pasteur boutonnée un fragment de la colonie qu'on étale sur du papier filtre imbibé d'une solution aqueuse de chlorhydrate de N, N-diméthyl paraphénylène diamine. Une coloration violette qui apparaît dans les 10 secondes indique une réaction positive.

Tableau 5: Présentation des différentes souches de *Pseudomonas* isolées

Références	Origines	Références	Origines	Références	Origines
PsS150	Sol	PsTp139	Plante Epuratrice	PsS23	Sol
PsWt157	Eaux Thermales	PsWs140	Eaux de mer	PsWs173	Eaux de mer
PsWw168	Eaux Usées	PsTp153	Plante Epuratrice	PsS28	Sol
PsWw175	Eaux Usées	PsTp154	Plante Epuratrice	PsS79	Sol
PsC132	Compost	PsTp155	Plante Epuratrice	PsS48	Sol
PsWt138	Eaux Thermales	PsWw128	Eaux Usées	PsS102	Sol
PsCL10C	Hospitalières	PsTp169	Plante Epuratrice	PsTp156	Plante Epuratrice
PsTp160	Plante Epuratrice	PsS11	Sol	PsWs158	Eaux de mer
PsC99	Compost	PsTp172	Plante Epuratrice	PsS15	Sol
PsTp179	Plante Epuratrice	PsS103	Sol	PsC54	Compost
PsC5	Compost	PsS71	Sol	PsS4	Sol
PsWw174	Sol	PsC10	Compost	PsWw124	Eaux Usées
PsS2	Sol	PsS73	Sol	PsS46	Sol
PsS3	Sol	PsS26	Sol	PsS31	Sol
PsCLHMC1	Hospitalières	PsS29	Sol	PsS67	Sol
PsWw127	Eaux Usées	PsS39	Sol	PsS18	Sol
PsC12	Compost	PsS25	Sol	PsWs147	Eaux de mer
PsWw84	Eaux Usées	PsS49	Sol	PsS75	Sol
PsWw121	Eaux Usées	PsS60	Sol	PsS83	Sol
PsTp142	Plante Epuratrice	PsS93	Sol	PsWt146	Eaux Thermales
PsS89	Sol	PsS90	Sol	PsTp171	Plante Epuratrice
PsWw9	Eaux Usées	PsS91	Sol	PsWw118	Eaux Usées

Tests métaboliques sur galeries API 20NE : Les micro-galeries API 20 NE (API system, Bio-Mérieux, France) sont des systèmes d'identification comportant des tests biochimiques standardisés et miniaturisés, combinant 8 tests conventionnels et 12 nutritionnels pour l'identification des bacilles à Gram négative non-entérobactéries. L'inoculation des plaques se fait avec une suspension bactérienne de turbidité 0,5 de l'échelle de McFarland (3 colonies dans 5 ml de Medium).

La lecture des résultats se fait, en se référant au tableau d'identification (Tableau 6), après une durée d'incubation de 24h à 30℃, et les deux tests NO_3 et TRP requièrent un ajout de réactifs nécessaires à la révélation de la réaction.

Production de la pyoverdine et de la pyocyanine : Afin de déterminer la production des pyoverdines le milieu King B est utilisé. Ce milieu a pour effet de stimuler la production de pyoverdines ; pigment vert-jaune fluorescent, soluble dans l'eau et insoluble dans le chloroforme caractéristique des *Pseudomonas* pigmentés. Les souches sont incubées à 25℃ pendant 24h et sont ensuite visualisées sous UV à une longueur d'onde de 365 nm. La pyocyanine est un pigment phénazinique, soluble dans le chloroforme et spécifique à *P. aeruginosa*. Lors d'une incubation prolongée de 4 à 5 jours à 25℃ su r milieu King A, la pyocyanine est de couleur bleue. Ce pigment est un accepteur d'électrons permettant à *Pseudomonas aeruginosa* de croître en anaérobiose.

Capacité de croissance à 42°C : Une incubation de culture bactérienne pendant 24h à 42°C ne permet la croissance que des espèces de *P. aeruginosa*.

Tableau 6: Tableau de lecture des API 20NE

Tests	Substrats	Réactions/Enzymes	Résultats	
			Négatif	Positif
NO3	Nitrate de potassium	Réduction des nitrates : - en nitrites - en azote	NIT 1 + NIT 2/ 5 min incolore	rose-rouge
			Zn/ 5 min	
			rose	incolore
TRP	Tryptophane	Formation d'indole	JAMES/ immédiat	
			incolore/vert pale/jaune	rose
GLU	Glucose	Fermentation	bleu à vert	jaune
ADH	Arginine	Arginine dihydrolase	jaune	orange/rose/ rouge
URE	Urée	Uréase	jaune	orange/rose/ rouge
ESC	Esculine	Hydrolyse (β-glucosidase)	jaune	Gris/marron/ noir
GEL	Gélatine	Hydrolyse (protéase)	pas de diffusion	diffusion
PNPG	p-nitro-phényl-βD-galactopyranoside	B-galactosidase	incolore	jaune
GLU	Glucose	assimilation	transparence	trouble
ARA	Arabinose	assimilation	transparence	trouble
MNE	Mannose	assimilation	transparence	trouble
MAN	Mannitol	assimilation	transparence	trouble
NAG	N-acétyl-glucosamine	assimilation	transparence	trouble
MAL	Maltose	assimilation	transparence	trouble
GNT	Gluconate	assimilation	transparence	trouble
CAP	Caprate	assimilation	transparence	trouble
ADI	Adipate	assimilation	transparence	trouble
MLT	Malate	assimilation	transparence	trouble
CIT	Citrate	assimilation	transparence	trouble
PAC	Phényl-acétate	assimilation	transparence	trouble
OX	N.N-diméthyl paraphénylène diamine	Cytochrome oxydase	incolore	violet

1-4- Caractérisation moléculaire

1-4-1 Extraction de l'ADN génomique

La méthode décrite par Chen et Kuo (1993) a été utilisée pour extraire l'ADN génomique des souches de *Pseudomonas* fluorescents. Ainsi un volume de 2 ml de milieu Luria Broth (LB) est ensemencé par les souches bactériennes puis incubé à 25°C pendant 16h. Après une centrifugation de 3 min à 12000 rpm, le culot est suspendu dans 200 µl de tampon (Tris-acétate 40 mM, pH=7,8 ; sodium acétate 20 mM ; EDTA 1 mM et SDS 1%). La majorité des protéines et des débris cellulaires sont éliminés par addition de 66 µl de NaCl 5 M et une centrifugation à 12000 rpm pendant 10 min à 4°C. Le surnageant est par la suit e traité avec un volume de chloroforme suivi d'une précipitation par 2,5 volume d'éthanol absolu et deux lavages à l'éthanol 70% (V /V). Après séchage du culot, l'ADN est solubilisé dans le TE (10 mM Tris-HCl, pH 7,4 ; 1 mM EDTA, pH 8) en présence de RNase afin de dégrader les ARN.

1-4-2 Amplification de l'ADN par PCR

La technique d'amplification par PCR consiste à effectuer de multiples cycles de réplication «*in-vitro*» de l'ADN, en utilisant comme amorce des oligonucléotides de synthèse s'hybridant avec des séquences complémentaires ciblées ou consensus, bordant la séquence à amplifier (Saiki et al., 1988). La réaction de polymérisation en chaîne est réalisée dans un mélange réactionnel qui comprend en plus des amorces, l'extrait d'ADN, la Taq polymérase et les quatre désoxynucléotides (dNTP) en excès dans une solution tampon. Les tubes contenant le mélange réactionnel sont soumis à des cycles de température réitérés plusieurs dizaines de fois dans le bloc chauffant d'un thermocycleur. L'appareil permet la programmation de la durée et de la succession des cycles de paliers de température. Chaque cycle comprend trois étapes : une étape de dénaturation de la matrice, une étape d'hybridation des oligonucléotides à la matrice et une étape de polymérisation. Cette méthode permet de générer des dizaines de milliards d'exemplaires du fragment d'ADN particulier (gène d'intérêt) à partir d'un extrait d'ADN (ADN matriciel).

Dans la première partie de ce travail, on a réalisé quatre types de réactions PCR :

Amplification spécifique de l'ADN ribosomique 16S : La PCR vise à amplifier le gène codant pour l'ARNr 16S, en utilisant deux amorces spécifiques. Ces deux dernières ciblent respectivement les extrémités 3' et 5' du gène ADNr 16S (Widmer et al., 1998). Cet opéron constitue un marqueur moléculaire classique, utilisé aussi pour identifier les *Pseudomonas* et tracer les relations phylogénétiques entre les espèces de *Pseudomonas*.

Le gène ADNr 16S, fragment spécifique de 969 pb, est soumis par la suite, à l'action d'un ensemble d'enzymes de restriction afin d'étudier le polymorphisme des sites de digestion de ce gène pour les différents isolats de *Pseudomonas*. Il s'agit de la technique RFLP : Restriction Fragment Lenght Polymorphism ou ARDRA : Amplified ribosomal DNA Restriction Analysis.

Amplification de l'espace intergénique 16S-23S (ITS) : Cette réaction PCR cible les séquences conservées du gène de l'opéron ribosomique16S, 23S et donc l'amplification de l'ITS (Daffonchio et al., 2000).

Amplification du gène rpoB : Le gène rpoB, extrêmement conservé, codant la sous-unité β de l'ARN polymérase a été amplifié en utilisant les amorces LAPS et LAPS27 (Tableau7) (Ait Tayeb et al., 2005).

Box-PCR : Une réaction d'amplification sur des séquences consensus universelles a été effectuée. Cette réaction génère des profils PCR comportant plusieurs bandes d'amplification du fait du non spécificité de l'amorce. Cette technique est utilisée pour le typage bactérien (Versalovic et al., 1991).

Les oligonucléotides utilisés comme amorces d'amplification PCR sont reportés dans le Tableau 7. Le mélange réactionnel, la concentration des réactifs ainsi que les cycles d'amplification sont indiqués dans les Tableaux 8 et 9.

1-4-3- Révélation et analyse de l'ADN génomique et des gènes amplifiés

La révélation et l'analyse de l'ADN génomique, des gènes de l'ARNr 16S, ITS, rpoB et de la Box-PCR sont réalisées par électrophorèse sur gel d'agarose de concentration respectivement de 0,8; 1,5; 2; 1 et 2%. Les fragments d'ADN sont colorés par un tampon de charge (0,5% bleu de bromophénol et 45% glycérine). Le gel est préparé dans le tampon TBE (0,5x) et la migration est effectuée dans le même tampon sous un voltage constant de 8 V/cm. La fluorescence des fragments d'ADN est révélée en utilisant une solution de 1% de bromure d'éthidium (BET) et la visualisation s'effectue instantanément par transilluminateur aux ultraviolets (280 - 320 nm). Les fragments d'ADN ciblés sont révélés en utilisant un marqueur de taille Felix^{TM}- 500pb DNA Ladder (de 500 à 8000 pb) ou Jules^{TM}- 100 pb DNA Ladder (de 100 à 2000 pb).

Tableau 7: Amorces utilisées pour les amplifications par PCR

Amorce	Séquence cible	Position	Séquences nucléotidique 5'–3'	Fragment attendu (pb)
S-G-Psmn-0289-a-S-20	ADNr 16S	289-309	GGTCTGAGAGGATGATCAGT	969
S-G-Psmn-1258-a-A-18	ADNr 16S	1240-1258	TTAGCTCCACCTCGCGGC	
S-D-Bact-1494-a-S-20	ITS 16S-23S	1494 ADNr 16S	GTCGTAACAAGGTAGCCGTA	profil
S-D-Bact-0035-a-A-15	ITS 16S-23S	35 ADNr 23S	CAAGGCATCCACCGT	
LAPS	rpoB	1509-1531	TGGCCGAGAACCAGTTCCGCGT	1247
LAPS 27	rpoB	2739-2760	CGGCTTCGTCCAGCTTGTTCAG	
BOX A1R	Consensus	inconnue	CTACGGCAAGGCGACGCTGACG	profil

Tableau 8: Composition du mélange réactionnel des réactions PCR

Réactifs	ADNr 16S	ITS	rpoB	BOX
Tampon	1x	1x	1x	1x
Mgcl$_2$	2.5 mM	1 mM	3 mM	2 mM
dNTP	0.1 mM	0,1 mM	0,2 mM	0,1 mM
Amorce F	0 25 µM	0,25 µM	0,2 µM	0,8 µM
Amorce R	0 25 µM	0,25 µM	0,2 µM	-
Taq polymérase	1 U	1 U	1 U	1,3 U
Volume réactionnel	50 µl	25 µl	50 µl	30 µl

Tableau 9 : Programme et cycles d'amplification

Réaction PCR	Dénaturation initiale	Dénaturation	Hybridation	Elongation	Elongation finale
Ps-ADNr 16S	94°C/ 4min	94°C/ 30sec	60°C/ 30sec	72°C/ 45sec	72°C/ 7min
Nbre de cycle	1		30		1
ITS	94°C/ 4min	94°C/ 30sec	45°C/ 30sec	72°C/ 45sec	72°C/ 7min
Nbre de cycle	1		40		1
rpoB	94°C/ 4min	94°C/ 30sec	52°C/ 30sec	72°C/ 45sec	72°C/ 7min
Nbre de cycle	1		40		1
Box	94°C/ 5 min	94°C/ 1min	45°C/ 1 min	72°C/ 2 min	72°C/10 min
Nbre de cycle	1		35		1

1-4-4- *Polymorphisme de longueur des fragments de restriction (RFLP)*

Le principe de la technique RFLP est la mise en évidence d'un polymorphisme de sites de restriction sur différents brins d'ADN d'un même locus afin de les comparer et d'en conclure à l'existence d'un seul ou plusieurs sites de restriction. La réaction de digestion enzymatique comporte 8 µl de produit PCR de l'ADNr 16S, 1µl de tampon adéquat de concentration finale 1 x (250 mM Tris-acétate (pH 7,8), 1M acétate de potassium, 100 mM acétate de magnésium, 10 mM DTT (Dithiotréitol), 0,75 µl d'enzyme et 0,25 µl de BSA (Bovine Serum Albumin de concentration finale 0,1 mg/ml). Ce mélange réactionnel est incubé à 37°C pendant une nuit. Les enzymes de restriction utilisées dans cette étude sont *HaeIII* (GG' CC), *HinfI* (G' ANTC), *AluI* (AG' CT), *RsaI* (GT' AC), *MspI* (C' CGG) et *HhaI* (C' GCG). La visualisation des fragments d'ADN obtenus suite à la digestion enzymatique des produits PCR s'effectue par migration sur gel de polyacrylamide 6% composé de 21 ml d'eau distillée stérile et filtrée, 3 ml de TBE 10 x (890 mM Tris, 890 mM acide borique et 20 mM EDTA (pH 8,3)), 6 ml acrylamide/bisacrylamide (30%), 100 µl d'APS (10% Ammonium Peroxo Disulfate dans l'eau) et 50 µl de TEMED (Tétra-méthyl éthylène diamine). Le choix de ces enzymes repose sur deux bases : (i) Leurs sites de restriction sont différents et situés dans des séquences composées de GC (58-70% chez *Pseudomonas* (Palleroni, 1986)), (ii) La digestion théorique par ces enzymes de souches appartenant à différentes espèces du genre

Pseudomonas montre des profils différents. Cette digestion a été réalisée par le logiciel « DNAMAN » (Figure 14). La figure 14 montre que le polymorphisme des sites de restriction des enzymes choisies est un critère discriminatif entre les espèces de *Pseudomonas*.

1-4-5- *Analyse du polymorphisme de longueur des fragments de restriction*

L'analyse des gels montre des profils différents dont on peut distinguer des haplotypes représentatifs. Ces différentes bandes ont été traitées par le logiciel « Gel-Pro 3.1».

L'analyse de polymorphisme des fragments obtenus de l'amplification ITS, BOX et de la restriction des enzymes a été réalisée par le logiciel « MVSP 3 .13l » (Multi Variate Statistical Package) en utilisant la méthode d'algorithme UPGMA (Unweighted PairGroup Method Algorithm) et le coefficient de Pearson. Cette approche détermine la similarité entre les différents isolats par la comparaison de leurs profils en se basant sur le nombre des fragments obtenus soit après amplification (ITS et BOX) et après la digestion enzymatique. Ces analyses aboutissent à la construction d'arbres phylogénétiques constitués de différents groupes. Les souches représentatives (34 souches) des groupes ARDRA obtenus ont été choisies pour le séquençage des gènes ADNr 16S et rpoB.

1-4-6 *Purification des produits d'amplification ADNr 16S et rpoB*

La purification des produits de la PCR a été réalisée en utilisant le Kit Wizard (PCR clean-Up System ; Promega 9FB072). Des mini colonnes ont été insérées dans les tubes de collection où sont transférées 2 à 3 répétitions de l'amplifiat avec un égal volume d'une solution de « membrane binding ». Après une incubation 1 min à la température ambiante et une centrifugation de 12000 t/min pendant 1 min, deux lavages successifs avec une solution diluée à l'éthanol ont été réalisés (700 µl puis 500 µl). Après chaque lavage, des centrifugations ont été effectuées pendant 1 min à 12000 t/min. Les mini colonnes ont été ensuite placées dans des tubes eppendorf stériles et incubées durant 10 min à 37°C pour l'évaporation totale de l'éthanol. Un volume de 30 µl de Nuclease Free water a été additionné aux mini-colonnes. Ces dernières ont été incubées 1 min à température ambiante et centrifugées à 12000 t/min pendant 1 min. Enfin, l'ADN est conservé à -20°C.

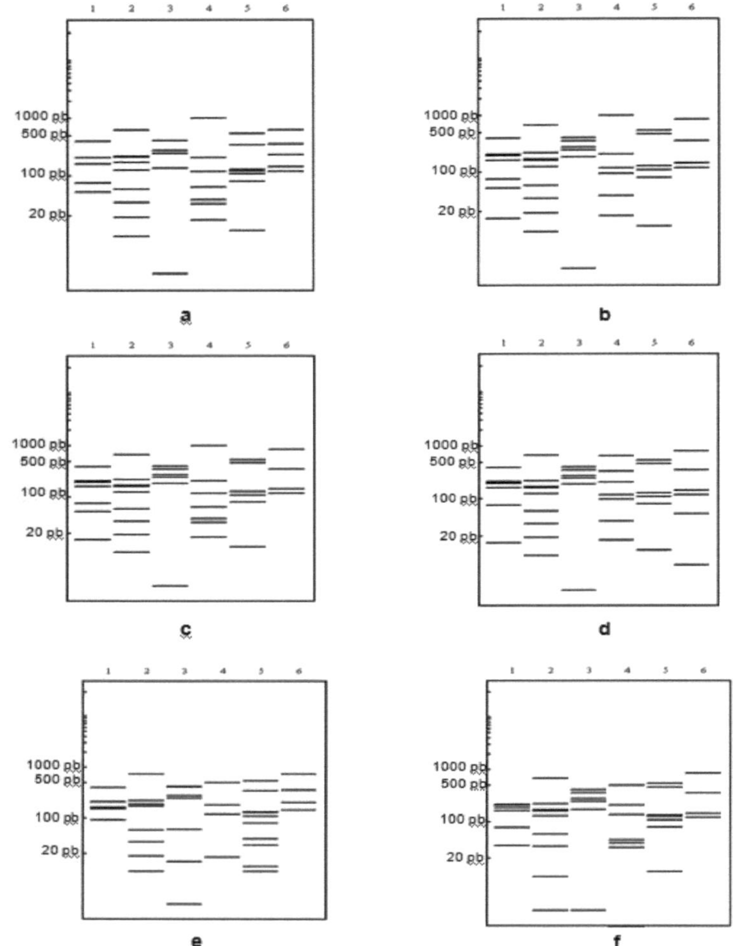

Figure 14: Représentation schématique des profils de restriction des enzymes utilisées (1 : *AluI*, 2: *HaeIII*, 3: *HhaI*, 4: *HinfI*, 5: *MspI*, 6: *RsaI*) de quelques espèces de *Pseudomonas* connues (a : *P. aeruginosa* (AB119535), b : *P. fluorescens* (AY538264), c: *P. putida* (AY973267), d: *P. syringae* (AB001450), e: *P. monteilii* (HQ864710) , f: *P. entomophila* (EF178450)) réalisée en utilisant le logiciel DNAMAN (version 7.0 Demo).

81

1-4-7- Séquençage

La réaction de séquençage utilise l'extension par primer (PCR) d'où le nom de «cycle sequencing ». L'*AmpliTaq Polymérase* allonge l'amorce jusqu'à incorporation d'un didéoxynucléoside triphosphate (ddNTP) marqué par un fluorophore Big-Dye. A chaque cycle, un brin de matrice est copié. La réaction de séquençage se déroule dans un volume final de 20 µl composé de 2 µl de mélange Big-Dye contenant l'AmpliTaq DNA polymérase, 3 µl de tampon de réaction 5x (400 mM Tris-Hcl [pH9], 10 mM $MgCl_2$) et 5 pmol de l'amorce F ou R. Une aliquote précise d'ADN a été utilisée comme matrice de cette amplification. Les produits PCR (ADNr 16S et rpoB) sont ensuite précipités à l'éthanol 95℃ (1500 rpm pendant 60 mi n) puis à l'éthanol 70℃ (1500 rpm pendant 30 min).

Le culot d'ADN est séché, repris dans une solution Hi-Di Formamide et incubé à 95℃ pendant 5 min. Après dén aturation, les fragments d'ADN sont résolus à l'aide d'un séquenceur automatique à 4 capillaires « ABI Prism^{TM} 3100 » et d'un programme « Sequencing analysis » (Applied Biosystem).

Les séquences obtenues sont corrigées par le programme ChromasPro (Version 1.34) puis comparées avec les séquences nucléotidiques des banques de données internationales NCBI (National Center for biotechnology Information) en utilisant les programmes BLAST (http://www.ncbi.nlm.nih.gov/BLAST) sur le réseau Internet. Plus de 5000 séquences bactériennes sont actuellement disponibles dans les banques de données internationales, faisant de cet outil taxonomique le plus utilisé. Le logiciel fournit un pourcentage d'homologie entre la séquence étudiée et celles contenues dans la banque de données. Pour certains auteurs (Drancourt et al., 2000), l'identité à la famille est définie pour une homologie de séquence ≥ 95%, l'identité au genre est définie pour une homologie de séquence ≥ 97% et l'identité à l'espèce est définie pour une homologie de séquence ≥ 99 %. L'alignement des séquences nucléotidiques et la construction des dendrogrammes par la méthode neighbor-joining ont été réalisés par le logiciel « MEGA 4.0.2 » (Molecular Evolutionary Genetics Analysis) (Tamura et al., 2007).

1-5- Caractérisation analytique par isoélectrofocalisation (IEF)

1-5-1- Purification des pyoverdines

L'extraction des pyoverdines accumulées durant la croissance des *Pseudomonas* fluorescents en état de carence en fer (milieu de culture casamino acide : CAA (Difco, ref : 223120), est effectuée par la procédure XAD.

Le surnageant de culture CAA, obtenu après une centrifugation à 14000 t/min pendant 5 min, a été ajusté à pH 6 et passé à travers une colonne XAD-4 Amberlite.

La pyoverdine est alors retenue sur un support constitué de résine hydrophobe (silica RP C18 (Pharmacia)) et fixant spécifiquement le pigment.

Le sidérophore (apolaire) a été ensuite élué avec du méthanol 50%. Le surnageant récupéré a été concentré par évaporation totale au « Speed Vac », ensuite resuspendu dans 30 µl H_2O et gardé à -20°C jusqu'à son utilisation.

1-5-2- Isoélèctrophorèse des pyoverdines sur gel de polyacrylamide

Les pyoverdines concentrées ont été analysées par IEF en se référant à la méthode décrite par Koedam et al. (1994).

Les pyoverdines concentrées ont été déposées sur gel de polyacrylamides (10%) précoulé sur un support Bio-Rad et contenant des ampholines. Ces derniers vont développer durant l'électrophorèse un gradient de pH allant de 3,5 à 9,5. Le gel a été placé horizontalement sur l'appareil d'isoéletrofocalisation.

Une série de neuf échantillons est analysée sur gel et soumis pendant 1h30 à une puissance constante de 12 W avec un voltage allant de 100 V à 450 V et à 4°C. Un mélang e de pyoverdines (Mix utilisé comme standard interne) de pHi connus (3,9 ; 4,5 ; 5,2 ; 7,25 ; 7,7 ; 8,8 et 9,2) a été intégré dans le gel comme témoin.

Après migration, la visualisation des bandes des pyoverdines fluorescentes s'effectue en plaçant le gel sur un trans-illuminateur, sous lumière UV à 365 nm.

Afin étudier les différents profils, les bandes ont été analysées à l'aide du logiciel "Easy Win 32". Ceci permettra d'attribuer à chaque bande sa valeur de pHi correspondante. L'analyse de l'ensemble des profils a permis de regrouper les différents isolats en différents sidérovars (sidérotypes).

1-6- Caractérisation biologique: Incorporation du fer radioactif ^{59}Fe

1-6-1- Préparation de la suspension bactérienne

Une culture bactérienne a été préparée dans 30 ml de milieu succinate (Difco) privé d'azote (S-N) puis incubée à 25°C pendant 40 h. Une centrifugation pendant 7 min à 13000 t/min d'un volume précis de la culture a été réalisée. Afin d'assurer une filtration rapide, la quantité de bactéries contenue dans ce volume a été limitée à une DO_{600} de 0,33. Les surnageants de culture ont été récupérés dans des tubes à hémolyse et qui vont servir à la préparation de la pyoverdine marquée par ^{59}Fe. Les culots ont été resuspendus dans 1 ml de milieu Succinate privé d'azote (S-N) et centrifugés pendant 7 min à 13000 t/min. Les surnageants ont été éliminés et les culots resuspendus dans des volumes pré-déterminés de milieu S-N.

1-6-2- Marquage de la pyoverdine au ^{59}Fe (labels-mix)

Le label mix contenant le complexe ^{59}Fe-PVD est composé de 5µl d'une solution commerciale de ^{59}Fe (forme chlorure ; activité spécifique, 20 mCi/mg ; Commissariat de l'Energie Atomique, Gif-sur-Yvette, France), diluée tout d'abord dans 100 µl d'eau et ensuite mixée à 10 µl (6,5 mg/ml) d'une solution de pyoverdine purifiée par XAD (pyoverdines connues, utilisées comme référence et attribuées à chacune des sidérovars). Après

30 min d'incubation à la température ambiante, le volume final a été ajusté à 1 ml avec la solution d'incubation (S-N).

1-6-3- Réalisation de l'incorporation

A la suspension bactérienne (1,8 ml), a été ajouté au temps zéro, un volume de 0,2 ml du label mix. Après 20 min d'incubation sous agitation au bain marie de 25°C, un volume de 1ml de chaque suspension bactérienne est filtré rapidement à travers un filtre Whatman (Millipore HAWP) en nitrocellulose (0,45 μm de porosité). Afin d'éliminer toute trace de fer non incorporé, les membranes filtrantes ont été lavées immédiatement par deux passages de 2 ml du milieu S-N frais. Chaque filtre est ensuite enveloppé avec du papier aluminium et le taux de radioactivité, qui correspond à la quantité de fer incorporé durant le temps d'incubation, est déterminé à l'aide d'un compteur Gamma 4000 (Beckman). Les résultats sont exprimés en coup par minute et par millilitre (cpm /ml).

1-7- Pouvoir discriminatif

Le pouvoir discriminatif (*D*) des méthodes de typage bactérien a été calculé d'après la méthode de Hunter et Gaston (1988) en appliquant l'indexe de diversité numérique ''Simpson''.

$$D = 1 - \frac{1}{N(N-1)} \sum_{j=1}^{S} n_j(n_j - 1)$$

N : Nombre total de souche
S : Nombre de groupe obtenu pour chaque méthode
n_j : Nombre de souche pour chacun des groupes

2- Mise en évidence de la production d'hormones et d'enzymes favorisant le développement des plantes (PGPR) et du système de communication cellulaire

2-1- Production des lactones (*Quorum-sensing*)

Ce test est basé essentiellement sur la synergie entre les souches testées et un ''biosenseur'' *Chromobacterium violaceum* CV026 (souche fournie par le Laboratoire Microorganismes et Biomolécules actives de la Faculté des Sciences de Tunis) qui émet naturellement un pigment violet en présence de NAHLs de type oxo- ou non substituées en C3 ayant des chaînes carbonées de 4 à 8 carbones. Ce mutant bactérien, a perdu la capacité de production de NAHL, mais toujours sensible à un apport de NAHL exogène. En présence de la NAHL exogène, le mutant bactérien produira alors un composé chromogénique, la violaceine.

La méthode utilisée est celle de la diffusion du surnageant de culture à partir des puits, décrite par Tagg et McGiven (1971) avec quelques modifications. Sur des boites de Pétri contenant de la gélose nutritive, un volume de 5 ml de gélose molle neutre, préalablement inoculés avec 100 µl d'une culture jeune de la souche *Chromobacterium violaceum*, est ajouté en surcouche. Des puits de 10 mm de diamètre sont creusés dans la gélose et leur fond scellé par 10 µl de gélose molle liquéfiée. Ces puits sont par la suite remplis par les surnageants de culture de bactéries à tester. Après incubation de 24 h à 30°C, les diamètres des zones colorés en violet sont mesurés.

2-2- Production des lactonases (*Quorum-quenching*)

La méthode utilisée est celle de la diffusion du surnageant de culture à partir des puits, décrite au paragraphe 2-1, en utilisant *Chromobacterium violaceum* comme souche indicatrice de la présence de lactone. Le surnageant de la souche à tester, pour la production de lactonase, a été mélangé avec un volume égal de surnageant de souche productrice de lactone. Le mélange réactionnel est incubé pendant 1h à 30°C et ensuite 200 µl du mixte sont placés dans chaque puits. Après incubation de 24h à 30°C, la présence d'activité inhibitrice d es lactones, se traduit par la diminution du diamètre ou la disparition du pigment violet, comparé par rapport à un témoin positif (souche productrice de lactone).

2-3- Dosage des pyoverdines

Le milieu de culture Casamino-acid (CAA) carencé en fer a été ensemencé et incubé durant 48h à 25°C. Les cult ures obtenues ont été centrifugées à 10.000 tr / min pendant 15 min à 4°C et les surnageants ont été dilués au 1/10 dans de l'eau déminéralisée. La quantité de pyoverdine excrétée dans le milieu de culture a été déterminée par spectrophotométrie à 400 nm (UVS Spectro-2700 double faisceau Labomed, INC) en utilisant une cellule de 1 cm. La concentration de pyoverdine a été calculée en utilisant un coefficient d'extinction (ε = 20000 M-1 cm-1) selon la méthode décrite par Meyer et Abdallah (1978). Les valeurs obtenues sont la moyenne de trois répétitions.

2-4- Détection de l'activité bactéricide des *Pseudomonas* fluorescents

Le test d'antagonisme du surnagent des cultures bactériennes (production de bactériocines) : La méthode utilisée est celle de la diffusion du surnageant de culture à partir des puits, décrite au paragraphe 2-1, sauf que les souches indicatrices sont des cultures de *Pseudomonas*. Après 24 h d'incubation à 30°C, les diamètres des zones d'inhibition sont mesurés.

2-5- Dosage de l'acide indole acétique (AIA)

Cette réaction mise en évidence par Salkowsky en 1933 se réfère aux propriétés chimiques de l'AIA et permet de caractériser la présence du noyau indole. Cette réaction est caractérisée par la formation d'un complexe coloré rouge entre le perchlorure de fer et le noyau indole de l'AIA en présence de concentrations élevées d'acides minéraux ($HClO_4$).

Après 72h d'incubation des souches à tester, dans un milieu minimum contenant (par litre) 6,8 g KH_2PO_4, 0,2 g $MgSO_4$, 2 g $(NH_4)SO_4$, 2 g citrate, 0,006 g H_3BO_3, 0,006 g ZnO, 0,0024 g $FeCl_3$, 0,02 g $CaCO_3$, 0,13 ml HCl, 10 g glucose et 100 µg/ml L-tryptophane, sont ajoutés à un volume du milieu deux volumes de réactif de Salkowsky (préalablement préparé contenant :1 ml $FeCl_3$ à 0,5 M et 50 ml $HClO_4$ à 35%), 20 à 30 min sont nécessaires pour que la coloration se développe. La densité optique est déterminée par un spectrophotomètre à une longueur d'onde de 535 nm et la concentration en AIA est déduite après construction de la courbe standard (Patten et Glick, 2002).

2-6- Production de phosphatase

Des spots sont effectués, à partir de culture bactérienne, sur le milieu gélosé Pikovskaya (composition voir annexe). Après 3 jours d'incubation à 28°C, les isolats produisant d es zones claires tout au tour des spots ont été considérés positifs (Katznelson et al., 1959).

3- Formation de biofilm chez les *Pseudomonas* fluorescents

3-1- Détection qualitative du biofilm

Les souches à tester sont ensemencées sur milieu gélosé au rouge Congo (Annexe). Les boites de Pétri sont incubées durant 48 h à 30°C. La morphologie, la mucosité, la transparence et la couleur des colonies sont observées.

3-2- Dosage de biofilm par test microplaque en polystyrène

Le test consiste à évaluer la capacité des *Pseudomonas* à s'attacher à des surfaces abiotiques (les picots d'un couvercle de microplaque de 96 puits en polystyrène), puis à en estimer la quantité en utilisant la méthode décrite par O'Toole et al. (1999). Les souches sont cultivées tout d'abord en milieu Cœur Cervelle (BHI : MAST DM106) avec 0,25% de glucose, durant 24 h et à 30°C. Les cultures bactériennes sont ensuite diluée s au 1/20 en milieu frais de BHI+glucose et 200 µl de ces suspensions sont utilisées pour l'inoculation des 96 puits de chacune des microplaques. Ces dernières sont incubées durant 24 h à 30°C. Les puits sont vidés sans toucher aux parois, lavés à deux reprises avec du tampon phosphate salin PBS (Na_2HPO_4 à 7mM, NaH_2PO_4 à 3 mM et NaCl à 130 mM pH 7,4) afin d'éliminer les bactéries non adhérentes et séchées en position inversée. Les bactéries adhérées aux parois seront colorées au cristal violet à 1% durant 15 min, puis rincées abondamment à l'eau pour éliminer l'excès de colorant. Ce dernier est solubilisé en ajoutant 200 µl d'éthanol à 95%. La mesure de la densité optique à 550 nm des solutions de colorant dans l'éthanol permet de quantifier les bactéries provenant du biofilm. Les valeurs obtenues sont la moyenne de trois répétitions.

Les valeurs suivantes ont été attribuées pour la détermination de biofilm :

$DO_{550} \leq 0.1$ Pas de formation de biofilm

$0.1 < DO_{550} \leq 0.5$ Formation faible de biofilm

$0.5 < DO_{550} \leq 1$ Formation moyenne de biofilm

$1 < DO_{550} \leq 2$ Formation forte de biofilm

$DO_{550} \geq 2$ Formation très forte de biofilm

4- Production de sidérophores en fonction du temps et des éléments de traces (Zn et Mn)

4-1- Croissance bactérienne et production de sidérophores (pyoverdine)

Les deux milieux de culture utilisés sont carencés en fer, à savoir le milieu Succinate (SM) et Casamino-Acid (CAA). Ces deux milieux sont préparés dans de l'eau déminéralisée. Afin d'éviter l'interaction des sidérophores avec d'autres éléments, toutes la verrerie a été nettoyée au HCl (6M) et rincée à plusieurs reprises à l'eau ultra-pure. Une culture jeune (16 h d'incubation en milieu King B) est ensuite inoculée dans 60 ml de milieu de culture (SM et CAA) et incubée à 28°C durant une période allant de 5 à 48 h, sous une agitation constante de 150 rpm (Shaker : ZHWY-2102 P). Des échantillons de chacun des bouillons de culture ont été retirées (t_{5h}, t_{10h}, t_{24h}, t_{36h} et $t_{48h)}$ et centrifugées à 10.000 tr / min pendant 15 min à 4°C et les surnageants sont dilués au 1/10 dans de l'eau déminéralisée. La quantité de sidérophores excrétée dans le milieu de culture est déterminée par spectrophotométrie à 400 nm (Spectro UVS-2700 Dual BEAM LABOMED, INC) en cuves de 1 cm. La concentration est calculée en utilisant le coefficient d'extinction (ε = 20000 $M^{-1}cm^{-1}$) selon la méthode décrite par Meyer et Abdallah (1978). La croissance bactérienne est également estimée directement par détermination de la DO à 600 nm.

4-2- Production des pyoverdines en présence des éléments de traces

Les métaux lourds sont utilisés sous les formes suivantes: $ZnSO_4$, 7 H_2O (teneur en fer, <10 ppm); $MnSO_4$, H_2O (teneur en fer, <0,001%) et $FeSO_4$, 7 H_2O (teneur en fer, > 99,9%). Les stocks de métaux $ZnSO_4$ et $MnSO_4$ sont préparés et stérilisés avec des filtres de 0,22 µm dans des conditions aseptiques. Ces solutions mères sont ensuite intégrées au milieu CAA (CAA et CAA + Zn + Mn) et SM (SM + Zn + Mn et SM), préalablement autoclavés, à une concentration finale de 60 µM de chacun des métaux.

Dans le but de déterminer le seuil de métaux au cours de laquelle la croissance et/ou la biosynthèse de sidérophores sont stimulés ou réprimés, les souches de *Pseudomonas* PsS29, PsC132 en milieu CAA sont suivis en fonction des quantités croissantes de Fe (III), Zn (II) et Mn (II) de 0,1 à 475 µM dans 5 ml de milieu CAA.

4-3- Analyses statistiques

Les données présentées sont toujours représentatives de trois expériences répétées. Les résultats obtenus dans différentes conditions expérimentales ont été analysés par analyse de la variance (ANOVA) et la différence entre les moyennes a été comparée par le test de Student-Newman-Keuls. La signification statistique a été fixée à $P < 0,05$.

Résultats & Discussion

Chapitre I

Caractérisations biochimiques, moléculaires, biologiques et analytiques des *Pseudomonas* fluorescents

La première partie de ce travail s'intéresse à l'isolement et la caractérisation de 66 souches de *Pseudomonas* fluorescents ayant diverses origines : sols (30 souches), eaux usées (10 souches), plantes épuratrices de type macrophyte (10 souches), composts (6 souches), eaux thermales (4 souches), eaux de mer (4 souches) et souches cliniques (2) (Tableau 5) ; sur une période de 18 mois et montrant une fluorescence sous lumière UV (Figure 16A). Cette étude est basée respectivement sur des caractères biochimiques, moléculaires, biologiques et analytiques.

1- Caractérisation biochimique

Tous les *Pseudomonas* fluorescents isolés sont des bacilles à Gram négative, à oxydase positive, produisant sur milieu King B ou sur milieu carencé en fer (CAA ou SM) le pigment fluorescent, jaune vert, la pyoverdine (Figure 15 A et B). La pigmentation, la température d'incubation et l'odeur dégagée constituent des éléments préliminaires d'orientation du diagnostic des espèces de *Pseudomonas*. Dix-huit souches des *Pseudomonas* isolées poussent à 42°C et produisent sur milieu King A la pyocyanine (à l'exception de 3 souches sur les 18 qui ne produisent pas ce pigment bleu). La croissance à une température allant de 37 à 42°C et la production de la pyocyanine sont caractéristiques des espèces de *P. aeruginosa*. Les autres espèces de *Pseudomonas* poussent à une température maximale de 30°C. Mis à part les *P. aeruginosa*, aucune espèce n'est capable de pousser à des températures supérieures à 30°C.

Les tests étudiés sur galeries API 20NE ont subdivisé les souches isolées en 3 groupes d'espèces : *P. aeruginosa* présentant 27,27% du nombre total, *P. putida* présentant 54,54% du nombre total et *P. fluorescens* présentant 18,18% du nombre total des souches isolées. Le pouvoir discriminatif de cette technique a été estimé à 0,604.

2- Caractérisation moléculaire des isolats de *Pseudomonas*

La caractérisation biochimique des 66 souches a permis de mettre en évidence trois espèces de *Pseudomonas*.

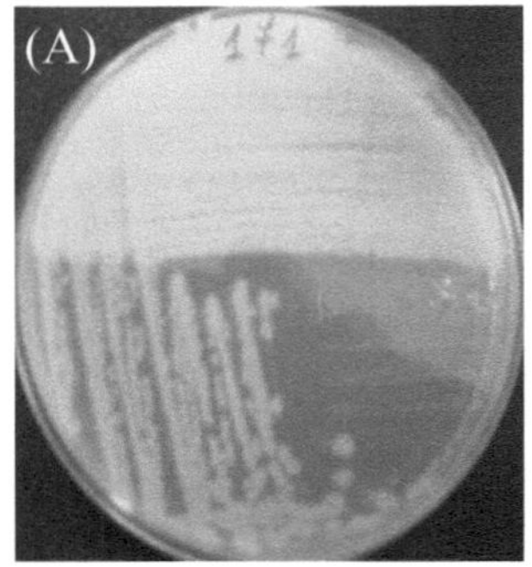

Figure 15 : Production de la pyoverdine.

(A) Photographie des colonies productrices du pigment jaune vert sur le milieu King B (B) Photographie d'une culture productrice du pigment fluorescent sur milieu CAA carencé en fer, sous la lumière UV.

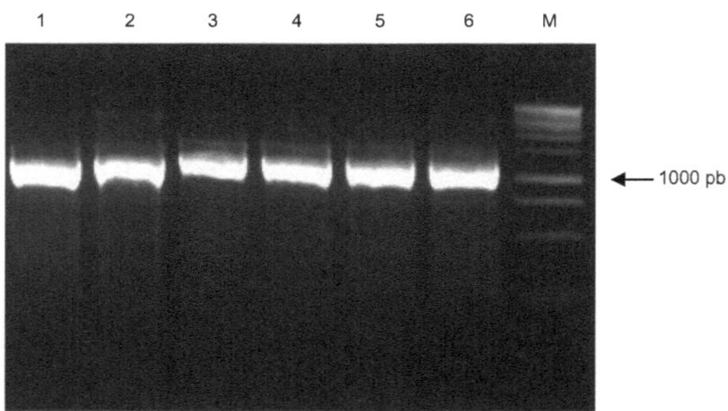

Figure 16 : Produit de l'amplification PCR, sur gel 0,8%, des souches isolées de *Pseudomonas* fluorescents à l'aide d'amorces spécifiques Ps-for et Ps-rev.

(M) Marqueur de taille 1kb; lignes 1 à 6: PsWw.121, PsTp.139, PsWs.140, PsC.10, PsS.73 et PsWt.146.

Dans ce qui suit, l'étude a été reprise afin d'approfondir l'identification pour la détermination des sous-espèces et aussi dans le but d'effectuer la classification la plus adéquate, la plus simple et la plus rapide.

2-1- Amplification spécifique de l'ADN ribosomique 16S

La PCR a visé l'amplification du gène codant pour l'ARNr 16S, fragment de 969 pb, en utilisant les deux amorces spécifiques Ps-for et Ps-rev. Cet opéron constitue un marqueur moléculaire classique utilisé pour identifier les *Pseudomonas* (Figure 16).

Par la suite la classification phylogénétique de cette collection de *Pseudomonas* a été effectuée suivant leurs différents profils d'amplification (ITS et BOX) et de restriction du gène ADNr 16S préalablement amplifié.

2-2- Amplification de l'espace intergénique 16S-23S (ITS)

L'amplification ITS repose sur les polymorphismes des régions intergéniques 16S-23S. Plusieurs profils caractéristiques ont été obtenus présentant les multiples variations de taille au niveau de l'opéron de l'ARNr. Les profils ITS présentent une à quatre bandes, mais la majorité des souches ne montrent qu'une seule bande. Ces dernières varient entre environ 300 et 750 pb de taille (Figure 17). Douze différents profils ITS ont été produits, comprenant : le groupe 1 (G1) est formé par une seule bande majeure de taille approximative 600 pb et regroupe 21 isolats, les groupes 2, 3, 5, 8, 10, 11 et 12 présentent chacun un profil distinctif. Le groupe 4 (G4) est formé de trois bandes majeures et une bande mineure et regroupe 3 isolats. Le groupe 6 (G6) présente trois bandes majeures et rassemble cinq souches. Le groupe 7 (G7) est formé par une seule bande de taille approximative 550 pb et regroupe 16 isolats. Et enfin, le groupe 9 (G9) qui est caractérisé par une seule bande majeure et rassemble 14 souches.

Cette analyse, selon les profils obtenus sur gel d'agarose, a été complétée par la construction d'un dendrogramme selon la méthode UPGMA (Sneath et Sokal, 1973). Le dendrogramme obtenu permet alors la répartition des souches en 4 grands groupes subdivisés en 12 groupes ITS différents (Figure 18).

Le pouvoir discriminatif de cette technique basée sur le nombre de profils distincts obtenus a été calculé à 0,797.

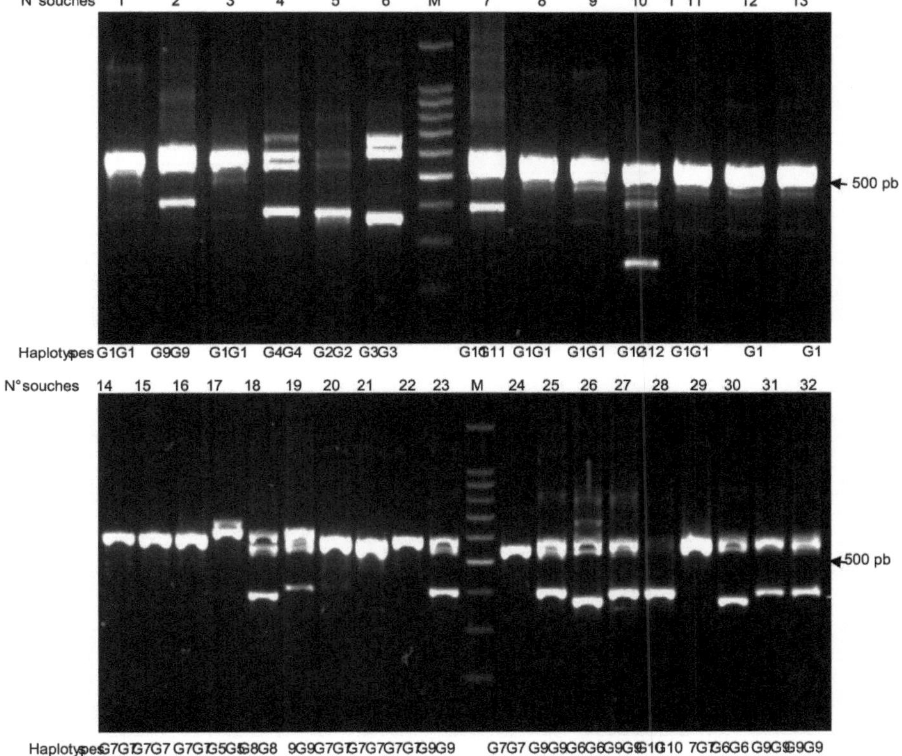

Figure 17: Electrophorèse sur gel d'agarose 1,5% des différents profils ITS.

(M) Marqueur de taille 100 pb. Pour chaque profil, le numéro de la souche ainsi que l'haplotype ITS correspondant sont mentionnés.

Profils : 1- PsWw.118 (G1), 2- PsS.31 (G9), 3- PsWw.121 (G1), 4- PsTp.153 (G4), 5- PsTp.139 (G2), 6- PsWs.140 (G3), 7- PsS.2 (G11), 8- PsS.3 (G1), 9- PsS.89 (G1), 10- PsC.132 (G12), 11- PsTp.179 (G1), 12- PsWw.127 (G1), 13-PsS.150 (G1), 14- PsS.73 (G7), 15-PsS.26 (G7), 16- PsS.93 (G7), 17- PsWw.128 (G5), 18- PsWs173 (G8), 19- PsWs.147 (G9), 20- PsTp.171 (G7), 21- PsWt.146 (G7), 22- PsS.83 (G7), 23- PsS.75 (G9), 24- PsC.10 (G7), 25- PsS.4 (G9), 26- PsS.11 (G6), 27- PsS.15 (G9), 28- PsC.54 (G10), 29- PsS.71 (G7), 30- PsS.46 (G6), 31- PsS.79 (G9) et 32- PsS.28 (G9).

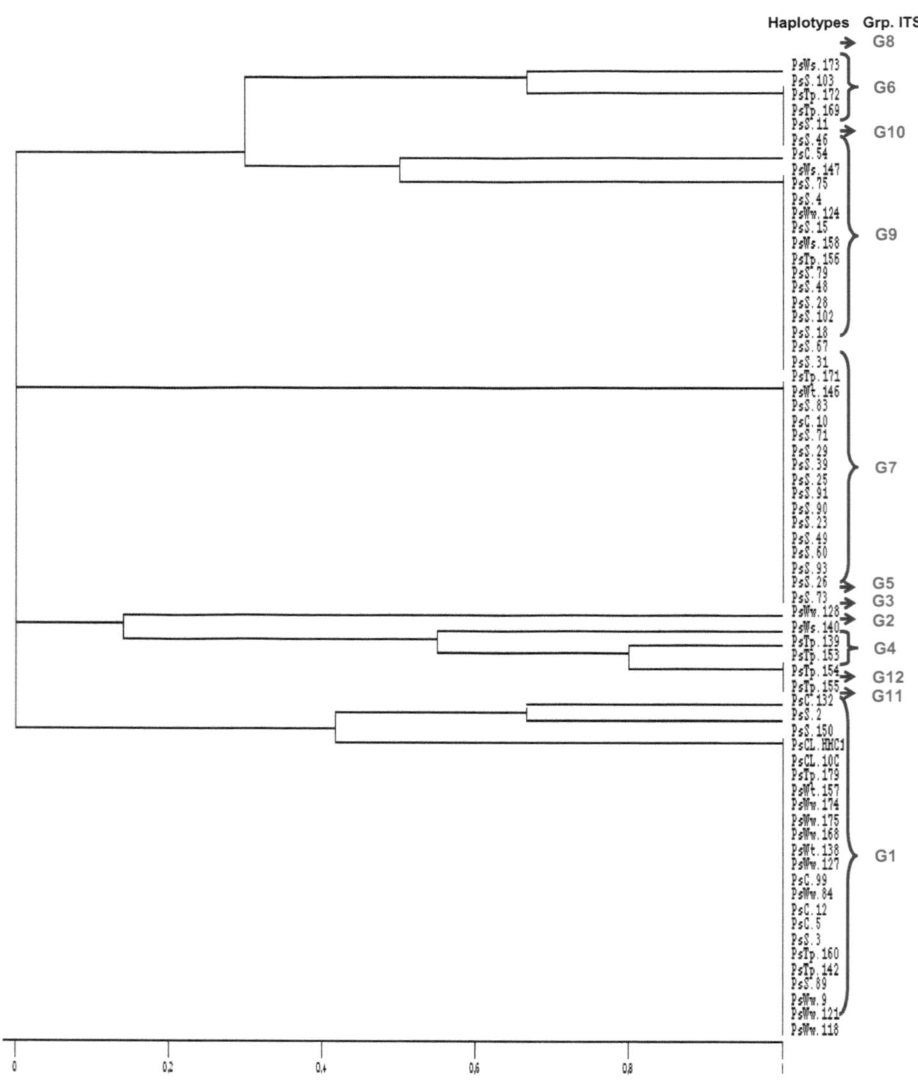

Figure 18: Dendrogramme des relations phylogénétiques entre les 66 isolats sur la base de l'amplification des régions ITS. (Coefficient de Jaccard/algorithme UPGMA)

103

2-3 Analyse Box-PCR des souches de *Pseudomonas*

La Box-PCR utilise une amorce unique qui correspond à une séquence consensus répétée de 22 pb, éparpillée dans le génome bactérien. Les réactions PCR ont été réalisées à une température d'hybridation de 45°C afin de générer plus de bandes informatives. Les produits d'amplification BOX-PCR sont visualisés sur gels d'agarose à 2% et représentés sur la Figure 19. Sur les 66 souches analysées, 45 haplotypes ont été distingués. Chaque profil comporte de 2 à 12 bandes reproductibles allant de 100 pb à 2500 pb et d'intensités différentes. Par ailleurs certaines bandes spécifiques d'espèces sont observées. A 30% de similitude, 7 groupes BOX sont détectés (I à VII). Le groupe I présente 5 profils différents (I_1, I_2, I_3, I_4 et I_5) caractérisé par la présence de 2 ou 3 bandes. Le groupe II présente 2 profils différents (II_1 et II_2) défini par 5 et six bandes. Le groupe III comporte 8 profils distincts (III_1, III_2, III_3, III_4, III_5, III_6, III_7 et III_8) présentant de 3 à 7 bandes. Les groupes I, II et III présentent une même bande majoritaire d'environ 400 pb. Le groupe IV comporte 13 profils différents (IV_1, IV_2, IV_3, IV_4, IV_5, IV_6, IV_7, IV_8, IV_9, IV_{10}, IV_{11}, IV_{12} et IV_{13}) de 5 à 10 bandes. Le groupe V présente 6 profils distincts (V_1, V_2, V_3, V_4, V_5 et V_6) défini par 3 à 5 bandes. Le groupe VI comporte 3 profils différents (VI_1, VI_2 et VI_3) présentant de 3 à 6 bandes. Deux bandes communes majoritaires de tailles approximatives de 500 et 700 pb ont été observées au niveau du sous-groupe VI_2. Et enfin le groupe VII comprenant 8 profils distincts (VII_1, VII_2, VII_3, VII_4, VII_5, VII_6, VII_7 et VII_8) présente un nombre de bande allant de 3 à 12. Une diversité élevée, en nombre et en taille de fragments d'amplification, est observée au niveau des sous-groupes VII_5, VII_6, VII_7 et VII_8.

Les profils BOX-PCR des 66 souches de *Pseudomonas* fluorescents étudiées ont été analysés selon l'algorithme UPGMA basé sur le coefficient de similarité de Jaccard. Le dendrogramme qui en résulte est formé de deux grands groupes divisés chacun en 7 groupes qui sont subdivisés en plusieurs sous-groupes de différents profils (Figure 20). Les souches de cette collection ont montré une grande diversité en raison de leur haut degré de variabilité génétique et se sont ainsi répartis en différents groupes.

Le pouvoir discriminatif de cette technique, tout en considérant le nombre de profils obtenus (45 profils différents), a été calculé à 0,973

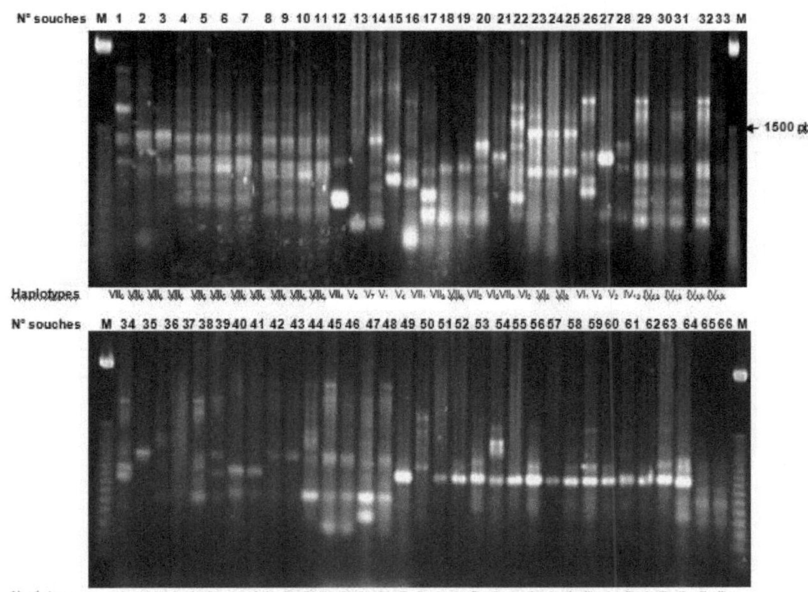

Figure 19: Profils électrophorétiques de la BOX-PCR observés chez les 66 souches de *Pseudomonas* analysées.

(M) marqueur de poids moléculaire 50 pb; Pour chaque profil, le numéro de la souche ainsi que l'haplotype BOX correspondant sont mentionnés.

Profils : 1- PsS.73 (VII$_6$), 2- PsS.26 (VII$_6$), 3- PsS.60 (VII$_6$), 4- PsS.49 (VII$_6$), 5- PsS.23 (VII$_6$), 6- PsS.90 (VII$_6$), 7- PsS.91 (VII$_6$), 8- PsS.93 (VII$_6$), 9- PsS.29 (VII$_6$), 10- PsS.25 (VII$_6$), 11- PsS.39 (VII$_6$), 12- PsWw.128 (VII$_4$), 13- PsWs.173 (V$_6$), 14- PsWs.147 (V$_7$), 15- PsTp.171 (V$_1$), 16- PsWt.146 (V$_4$), 17-PsS.31(VII$_1$), 18- PsS.18 (VII$_3$), 19- PsS.67 (VII$_3$), 20- PsS.102 (VII$_2$), 21- PsWw.118 (VI$_3$), 22- PsS.89 (VII$_5$), 23- PsTp.142 (VI$_2$), 24- PsWw.121 (VI$_2$), 25- PsWw.9 (VI$_2$), 26- PsS.83 (VI$_1$), 27- PsS.75 (V$_3$), 28- PsC.10 (V$_2$), 29- PsTp.155 (IV$_{13}$), 30- PsTp.154 (IV$_{13}$), 31- PsTp.153 (IV$_{13}$), 32- PsTp.140 (IV$_{13}$), 33- PsTp.139 (PsTp.155 (IV$_{13}$), 34- PsS.71(IV$_{11}$), 35- PsS.4(III$_8$), 36- PsTp.172(IV$_5$), 37- PsTp.169(IV$_5$), 38- PsS.103(IV$_8$), 39- PsS.11(IV$_{12}$), 40- PsWs.158 (IV$_4$), 41- PsTp.156 (IV$_3$), 42- PsS.15 (IV$_1$), 43- PsS.46 (IV$_1$), 44- PsWw.124 (IV$_2$), 45- PsC.54 (IV$_7$), 46- PsS.28 (IV$_6$), 47- PsS.79 (IV$_{10}$), 48- PsS.48 (IV$_9$), 49- PsWw.84 (III$_6$), 50- PsTp.160(II$_2$), 51- PsS.3 (I$_4$), 52- PsC.5 (I$_5$), 53- PsC.12 (III$_3$), 54- PsC.99 (II$_1$), 55- PsWt.138 (I$_3$), 56- PsWw.174 (III$_4$), 57- PsWt.157 (I$_4$), 58- PsTp.179 (I$_2$), 59- PsWw.127 (III$_4$), 60- PsWw.175 (I$_2$), 61- PsWw168 (III$_7$), 62- PsCL.10C (I$_1$), 63- PsS.150 (III$_2$), 64- PsC.132 (III$_5$), 65- PsS.2 (III$_1$), 66- PsCL.HMC1 (III$_1$).

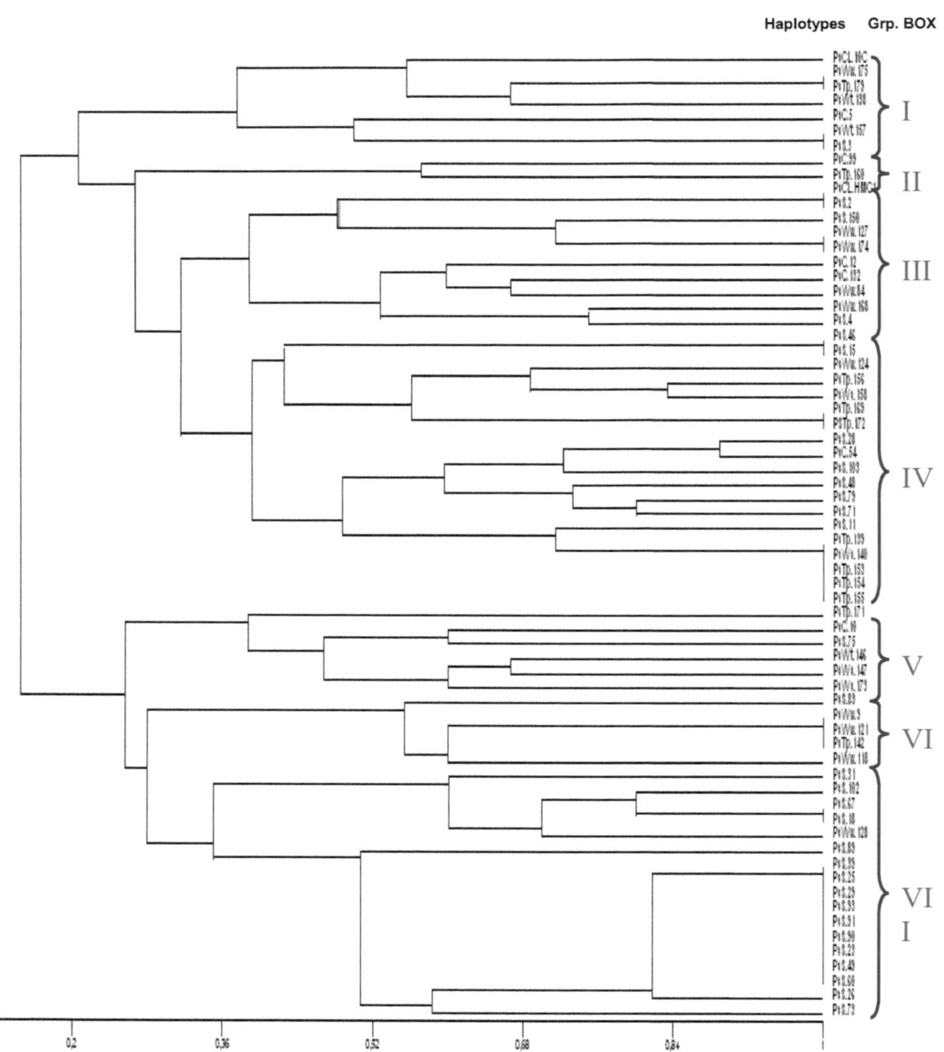

Figure 20: Dendrogramme des relations phylogénétiques entre les espèces des *Pseudomonas* selon les analyses statistiques des profils BOX-PCR. (Coefficient de Jaccard/algorithme UPGMA)

2-4- Digestion enzymatique du fragment ADNr 16S

Afin d'évaluer la diversité des séquences nucléotidiques des fragments 16S amplifiés, la technique ARDRA a été appliquée. Cette dernière consiste à digérer les produits PCR par des enzymes de restriction choisies à la suite de l'application d'une digestion théorique sur des séquences de la banque de gène (comme indiqué dans la partie Matériel et méthodes).

La classification de cette collection de souches suivant leurs profils de restriction a été effectuée en utilisant six enzymes : *Alu*I, *Msp*I, *Hha*I, *Hinf*I, *Rsa*I et *Hae*III. Les différents profils de restriction de gène ADNr 16S amplifié de différents isolats ont été analysés après migration sur gel de polyacrylamide à 6 %. L'analyse de la Figure 21 montre que les enzymes (*Alu*I, *Msp*I, *Rsa*I) produisent uniquement deux profils différents de restriction à travers toute la collection. L'enzyme *Alu*I montre deux profils différents (*a*I et *a*II) qui sont composés chacun de cinq fragments de produits PCR de poids moléculaires différents, alors que l'enzyme *Rsa*I a produit deux profils différents, composés respectivement de quatre (*r*I) et cinq (*r*II) fragments. L'enzyme *Msp*I a aussi produit deux profils différents, composés respectivement de quatre (*m*I) et cinq (*m*II) fragments. Les profils représentés sur la Figure 22 montrent que les enzymes de restriction *Hinf*I, *Hha*I et *Hae*III sont polymorphiques produisant respectivement quatre, six et cinq modèles de restriction. L'enzyme *Hinf*I produit quatre profils, composés de quatre (*h*I, *h*II et *h*III) et cinq (*h*IV) fragments. L'enzyme *Hha*I produit six profils, composés de quatre (*hh*VI), cinq (*hh*II, *hh*III, *hh*IV et *hh*V) et six (*hh*I) fragments. L'enzyme *Hae*III produit cinq profils, composés de quatre (*h*IV et *h*V), cinq (*h*I et *h*III) et sept (*h*II) fragments. Cette grande variété de profils, notamment obtenus par l'enzyme *Hinf*I, *Hha*I et *Hae*III peut nous renseigner sur l'importante diversité des souches de *Pseudomonas*. Similairement, la diversité obtenue par ces enzymes a été démontrée dans plusieurs études (Porteous et al. 2002 ; Cho et Tiedje 2000). A l'aide du logiciel MVSP, une classification des souches par la comparaison de leurs profils de digestion a été réalisée (Figure 23). Suivant l'analyse basée sur le test UPGMA (le coefficient de similarité Jaccard) 15 groupes ARDRA (à 95% de similitude) sont obtenus, composés respectivement de 1(G), 10(H), 1(D), 1(I), 1(L), 2(O), 4(K), 5(B), 1(N), 1(M), 1 (F), 5(C), 12(E), 3(J) et 18(A) isolats. Le pouvoir discriminatif de cette méthode de typage, en considérant les profils obtenus (17 profils différents), est estimé à 0,847.

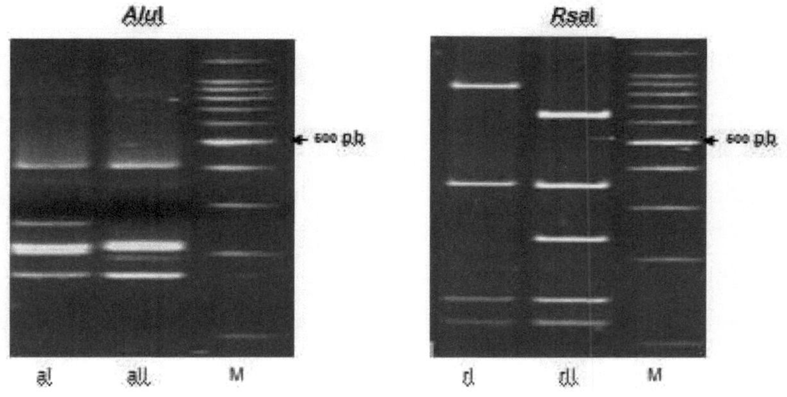
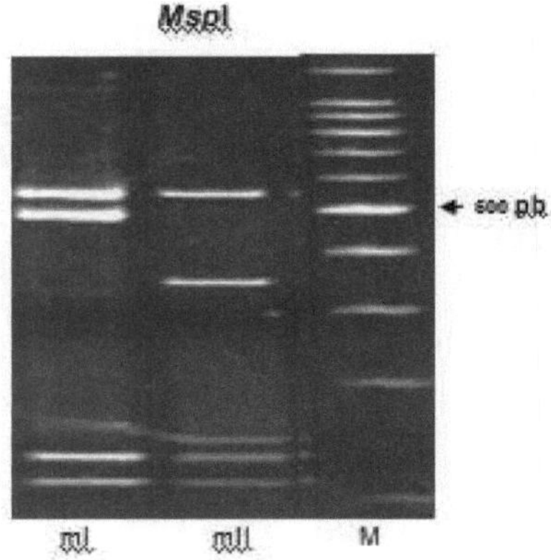

Figure 21: Profils de restriction de l'ADNr 16S sur gel de polyacrylamide 6% après digestion par les enzymes *Alu*I, *Msp*I et *Rsa*I.

M : Marqueur de taille, 100 pb

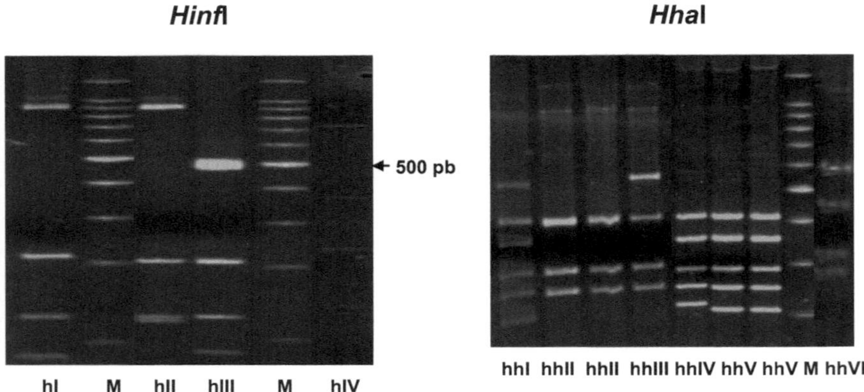

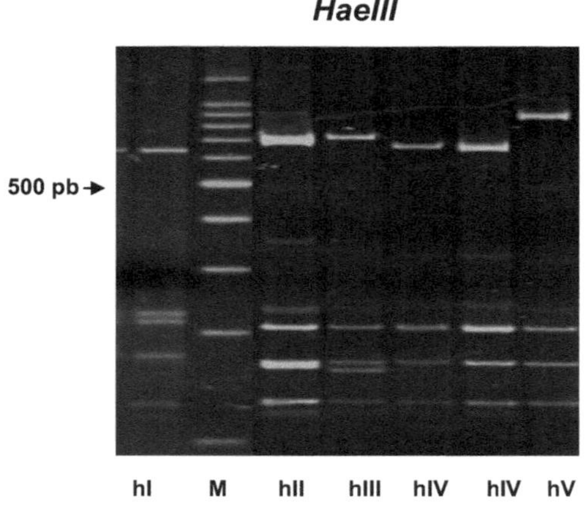

Figure 22 : Profils de restriction de l'ADNr 16S sur gel de polyacrylamide 6% après digestion par les enzymes *Hinf*l, *Hha*l et *Hae*III. M : Marqueur de taille, 100 pb

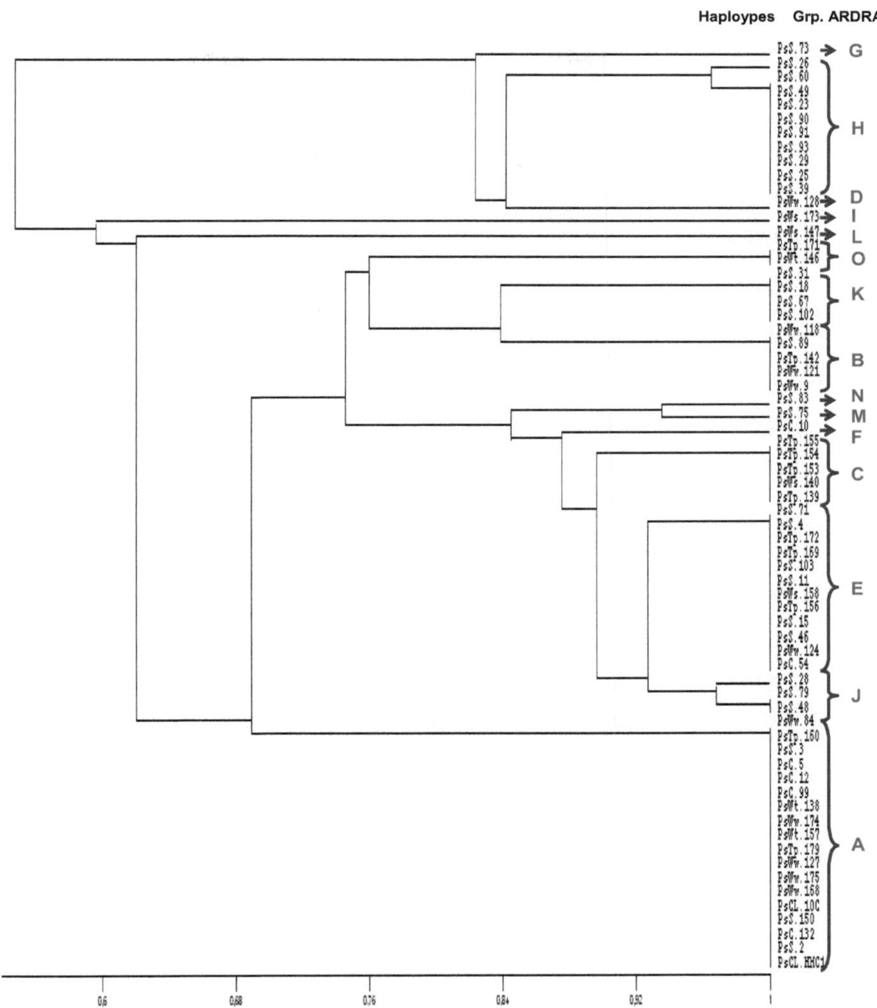

Figure 23: Dendrogramme des relations phylogénétiques entre les espèces de *Pseudomonas* selon les analyses statistiques des profils ARDRA.

(Coefficient de Jaccard/algorithme UPGMA)

2-5 Séquençage des gènes de l'ARNr 16S et rpoB

Afin de donner une affiliation aux espèces de *Pseudomonas* isolées, 34 souches représentatives des groupes ITS, BOX et ARDRA obtenus ont été sélectionnées pour le séquençage des gènes ADNr 16S et rpoB. Les séquences obtenues ont été comparées avec les séquences nucléotidiques de la banque de données internationales. Dans le Tableau 11 sont présentées les espèces apparentées correspondantes aux souches collectées et leurs nombres d'accession. L'analyse des résultats obtenus par séquençage du gène **ADNr 16S** et rpoB a montré que les isolats sont affiliés aux souches de la banque, avec un pourcentage de similarité allant de 95 à 99%. *L'utilisation de l'analyse de similarité BLAST du gène de l'ARNr 16S a identifié les espèces de *Pseudomonas* comme étant : *P. aeruginosa*, *P. putida*, *P. plecoglossicida*, *P. monteilii*, *P. mosselii*, *P. fluorescens*, *P. thivervalensis*, *P. otitidis* et *P. guezennei*. Un total de 19 isolats (PsS2, PsS71, PsS15, PsS28, PsS31, PsS46, PsS48, PsC54, PsS67, PsS75, PsS79, PsWs147, PsTp156, PsC10, PsTp139, PsWs173, PsS83, PsWs140 et PsWt146) appartiennent à *P. putida* / *P. plecoglossicida*, un seul isolat (PsS11) appartient à *P. monteilii*, un seul isolat (PsTp171) appartient à *P. mosselii*, six isolats (PsS26, PsS29, PsS73, PsS93, PsS89 et PsWw128) appartiennent à *P. fluorescens* / *P. thivervalensis*, cinq isolats (PsWw84, PsS150, PsS3, PsC132 et PsWw121) appartiennent à *P. aeruginosa*, un isolat (PsWw118) appartient à *P. otitidis* / *P. guezennei* et enfin un isolat (PsS4) appartient à *Pseudomonas* sp. *L'analyse de similarité du gène

rpoB a affilié les souches isolées aux espèces suivantes : *P. aeruginosa*, *P. putida*, *P. plecoglossicida*, *P. monteilii*, *P. mosselii*, *P. syncynea*, *P. corrugata*, *P.oleovorans*, *P. aurantiaca*, *P.chlororaphis*, *P. moraviensis*, *P. otitidis*, *P. vancouverensis*. Un total de quatre isolats (PsS3, PsC132, PsWw84 et PsS150) appartiennent à *P. aeruginosa*, deux isolats (PsWw118 et PsWw121) appartiennent à *P. otitidis*, un isolat (Ps4) appartient à *P. plecoglossicida*, onze isolats (PsS15, PsS28, PsS79, PsTp156, PsS31, PsS46, PsS48, PsC54, PsS67, PsS75 et PsWs147) appartiennent à *P. oleovorans*, un isolat (PsS83) appartient à *P. corrugata*, deux isolats (PsWt146 et PsWs140) appartiennent à *P. monteilii*, deux isolats (PsS2 et PsS71) appartiennent à *P. putida* / *P. syncynea*, un isolat (PsTp171) appartient à *P. mosselii*, quatre isolats (PsS26, PsS29, PsS73 et PsS93) appartiennent à *P. aurantiaca* / *P.chlororaphis*, un isolat (PsS89) appartient à *P. moraviensis*, un isolat (PsWw128) appartient à *P. vancouverensis* et enfin quatre isolats (PsC10, PsS11, PsWs173 et Ps139) appartiennent à *Pseudomonas* sp.L'alignement de ces séquences a permis d'établir les arbres Neighbor-joining (NJ) des relations phylogénétiques représentés par les Figures 24 et 25. L'analyse phylogénétique des 66 *Pseudomonas* fluorescents isolés, en utilisant la méthode NJ avec l'analyse bootstrap d'un ensemble de 1000 échantillons, a montré la présence de 3 groupes majeurs au niveau des dendrogrammes obtenus lors du séquençage des gènes ADNr 16S et rpoB (groupes des sous-espèces appartenant à l'espèce *P. putida*, groupes des sous-espèces appartenant à l'espèce *P. fluorescens* et groupes des sous-espèces appartenant à l'espèce

P. aeruginosa). Les groupes des dendrogrammes ayant des valeurs de bootstrap supérieures à 70% sont indiquées avec des marques (rouge) au niveau des nœuds. Seuls 9 groupes de l'arbre ADNr 16S ont été soutenus par des valeurs de bootstrap supérieure à 70%, tandis que l'arbre rpoB comporte beaucoup plus (17 branches). La comparaison des arbres phylogénétiques de l'ADNr 16S et rpoB a conduit l'observation de branches généralement plus longues au niveau de l'arbre rpoB que ceux de l'arbre ADNr 16S (tout en considérant l'échelle 0,02). Visiblement, une résolution phylogénétique plus élevée a été obtenue avec les séquences rpoB. De plus, les différentes espèces de *Pseudomonas* sont dispersées tout au long du dendrogramme rpcB, ce qui est expliqué par la diversité des séquences du gène rpoB d'une sous-espèce à l'autre. Les résultats biochimiques et moléculaires obtenus confirment l'appartenance des 66 isolats au groupe des *Pseudomonas* fluorescents. En effet, les tests biochimiques ont permis de distinguer uniquement 3 espèces du genre *Pseudomonas*. Néanmoins, cette approche reste toujours incomplète pour une bonne identification. Ainsi on a eu recours à des techniques moléculaires. Une amplification des gènes ADNr 16S et rpoB, a été réalisée afin de comparer lequel de ces deux gènes aboutit à une diversité génétique plus élevée et une meilleure identification. Le gène rpoB a permis de distinguer 13 espèces différentes de *Pseudomonas*, alors que le gène ADNr 16S a permis de différencier uniquement 9 espèces.

Afin d'approfondir les résultats obtenus par les méthodes biochimiques et moléculaires, on a eu recours à des approches plus simples et plus fiables. Ces méthodes analytiques (Isoélectrofocalisation) et biologiques (incorporation du complexe pyoverdine-fer radioactif) ciblent la pyoverdine produites par les isolats.

Figure 24: Arbre Neighbor-joining de relations phylogénétiques établies sur les séquences du gène de l'ARNr 16S des souches isolées et les séquences les plus apparentées de la banque de données.

117

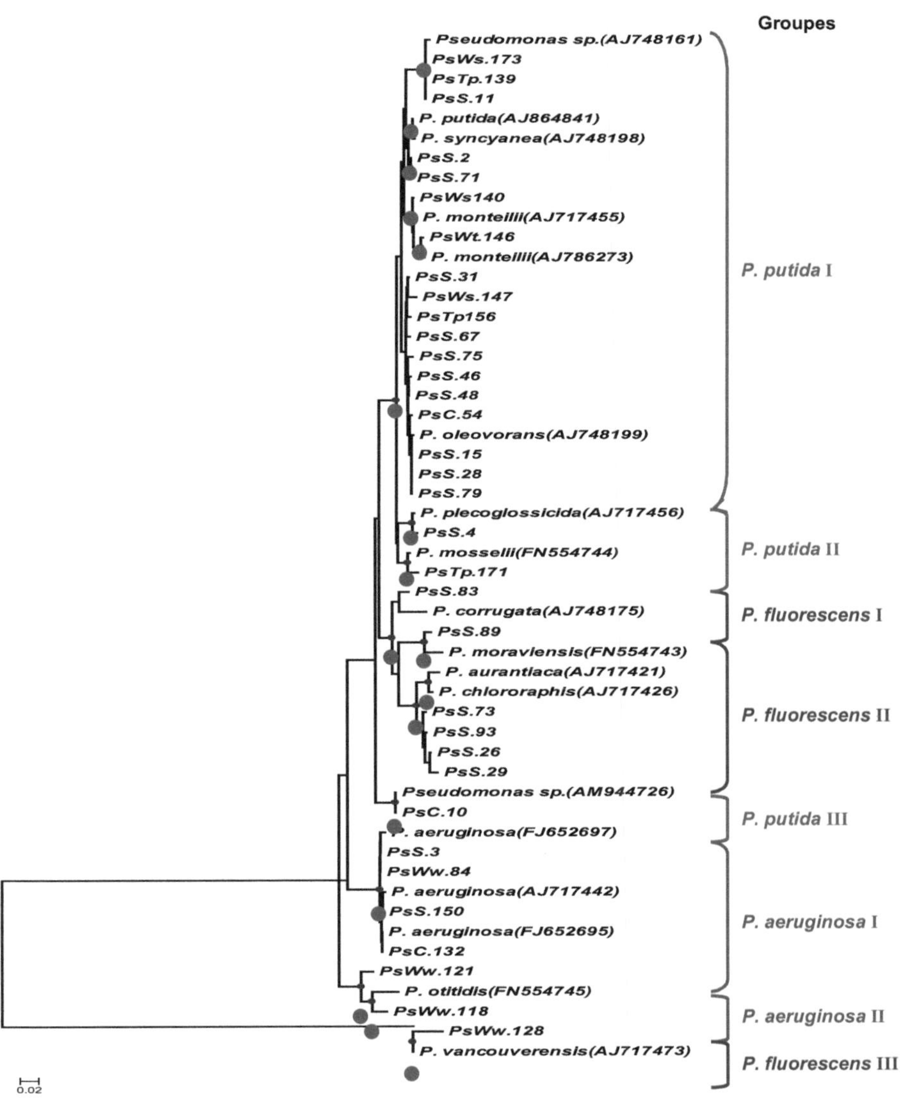

Figure 25 : Arbre Neighbor-joining de relations
phylogénétiques établies sur les séquences du gène rpoB
des souches isolées et les séquences les plus apparentées
de la banque de données.

3- Méthodes de sidérotypage

3-1- Sidérotypage par Isoélectrofocalisation (IEF)

Une étude des pyoverdines de 66 souches de *Pseudomonas* fluorescents a été réalisée dans le but d'approfondir les caractérisations biochimiques et moléculaires. L'électrophorèse des pyoverdines sur gel de polyacrylamide contenant des ampholines (PVD-IEF) se traduit par la séparation des différentes formes moléculaires de la pyoverdine au niveau du surnageant des souches cultivées en milieu carencé en fer. Les bandes fluorescentes observées, sous lumière UV, correspondent aux différents isoformes dont l'intensité, la position (pI) et le nombre sont différents. Un mélange de pyoverdines formées de 7 bandes de pHi connus (3,95 ; 4,6 ; 5,2 ; 7,25 ; 7,75 ; 8,8 et 9,2) a été utilisé comme standard permettant la détermination des pHi des bandes des pyoverdines analysées. Ainsi, une identification des types de pyoverdines produites par toutes les souches a été obtenue sur la base de leurs profils IEF comparés avec celui des pyoverdines de référence. Les figures 27 et 28 représentent certains profils IEF obtenus pour les souches étudiées. Les différents profils IEF ont été analysés à l'aide du logiciel "Easy Win 32" qui permet d'attribuer aux différents isoformes des pyoverdines les valeurs de pHi correspondantes. Ils sont d'abord regroupés en pyoverdines neutres, acides, basiques et acide/ neutre/ basique (ANB) selon les pHi des bandes constituant leurs profils IEF. Les souches développant des profils IEF identiques sont groupées en sidérovar. Le Tableau 10 permet d'apprécier les valeurs de pHi des différentes bandes de pyoverdine produites par les isolats. La collection de souches a pu différencier 17 sidérovars identifiés selon la différence des profils IEF :

- Les sidérovars I, II et III correspondent respectivement aux patterns obtenus avec *P. aeruginosa* PAO1 (Fig.26.A, ligne 9), *P. aeruginosa* ATCC 27853 (Fig.67.B, ligne 9) et *P. aeruginosa* Pa6 (Fig.26.C, ligne 8). Ces sidérovars regroupent respectivement neuf, quatre et cinq souches. Le sidérovar I est composé de deux bandes basiques de pHi allant de 6,9 à 8,4. Le sidérovar II est formé de quatre bandes (ANB) avec une bande majeure et trois autres bandes mineures. Le sidérovar III est caractérisé par trois bandes neutres de pHi allant de 4,8 à 7,3. Ainsi, une identification facile du type de pyoverdine produite par dix-huit souches non caractérisées, a été effectuée en comparant leurs profils IEF avec celles des souches type de *P. aeruginosa* (Fig.26. A, B, C).

- Le sidérovar IV regroupe quatre souches (dont la souche PsWw.121 (Fig.27.D, ligne 2)) avec un profil IEF proche de celui de la souche type PL8 (Fig.27.D, ligne 1) et formé de deux bandes majeures (pI 7,9 et 7,0).

- Le sidérovar V comprend cinq souches (dont la souche PsTp.139 (Fig.27.D, ligne 5)) avec un profil IEF comparable à celui de la souche type G168 (Fig.27.D, ligne 3) et formé de deux bandes majeures (pI 8,9 et 7,3) et une bande mineure de pHi 8.5.

- Le sidérovar VI comprend une seule souche (PsWw.128) ayant deux bandes de pHi allant 4,8 et 7,3.

- Le sidérovar VII regroupe cinq souches (dont la souche PsTp.172 (Fig.27.D, ligne 9)) avec un profil IEF proche de celui de la souche type KT2440 (Fig.27.D, ligne 6) et formé de deux bandes majeures de valeurs de pHi 7,3 et 5,4.

- Le sidérovar VIII comprend une seule souche (PsC.10) ayant deux bandes de pHi allant 5,1 et 7,3.

- Le sidérovar IX regroupe onze souches ayant chacunes deux bandes acides de pHi allant de 4,0 à 5,0 (Fig.27.E, ligne2).

- Le sidérovar X comporte une seule souche (PsWs.173) avec un profil IEF constitué de deux bandes acides de pHi 3,8 et 5,0 (Fig.27.E, ligne 3).

- Le sidérovar XI comprend sept souches avec un profil IEF acide constitué de deux bandes de pHi 4,6 et 5,2 (Fig.27.E, ligne1).

- Le sidérovar XII est formé de huit souches présentant un profil IEF formé de trois bandes acide de pHi 4,0 ; 4,6 et 5,2 (Fig.27.E, ligne 4, 5, 7 et 8).

- Les souches PsS.75 (Fig.27.E, ligne 9), PsS.83, PsWt.146, PsTp.171 et PsWw.118 présentent chacune des profils uniques et qui occupent respectivement les sidérovars XIII, XIV, XV, XVI et XVII.

3-2- Sidérotypage par incorporation du fer radioactif ^{59}Fe

Dans le but de consolider les résultats obtenus par Isoélectrofocalisation et afin d'attribuer potentiellement un nom d'espèce au sidérovar identifié, une souche de chaque sidérovar a été testée vis-à-vis d'une collection de pyoverdines de référence par incorporation du complexe ^{59}Fe-pyoverdine correspondante. Les différents tests d'incorporation ont été basés sur les groupes de pyoverdines obtenus par IEF. En effet, les souches à pyoverdine neutres ont été testées vis-à-vis d'une banque de pyoverdines neutres de référence.

De même pour les souches à pyoverdines acides, basiques et acides basiques neutres (ANB), on parle dans ce cas ''d'incorporation hétérologue''. Les résultats obtenus sont exprimés en pourcentage d'incorporation du fer radioactif (^{59}Fe) complexé avec la pyoverdine de la souche correspondante par rapport à un pourcentage de 100% d'incorporation de la pyoverdine homologue.

Les résultats des incorporations hétérologues obtenus sont les suivants :

- La souche PsWw.175, appartenant au sidérotype I, a incorporé sa propre pyoverdine avec une valeur de 1255 cpm/ml et de 1008 cpm/ml d'incorporation de la pyoverdine de la souche *P. aeruginosa* (PAO1), soit 80,31% d'incorporation.

- Pour la souche PsTp.179, représentant le sidértype II, le résultat de l'incorporation homologue était de 2514 cpm/ml et de 2339 cpm/ml d'incorporation de la pyoverdine de la souche *P. aeruginosa* (ATCC27853), soit 93,03% d'incorporation.

- La souche PsCL.HMC1, appartenant au sidérotype III, a incorporé sa propre pyoverdine avec une valeur de 1579 cpm/ml et de 1744 cpm/ml d'incorporation de la pyoverdine de la souche *P. aeruginosa* (Pa6), soit 110,44% d'incorporation. Il est intéressant de noter que la souche PsCL.HMC1 a incorporé la pyoverdine hétérologue (Pa6) plus que sa propre pyoverdine.

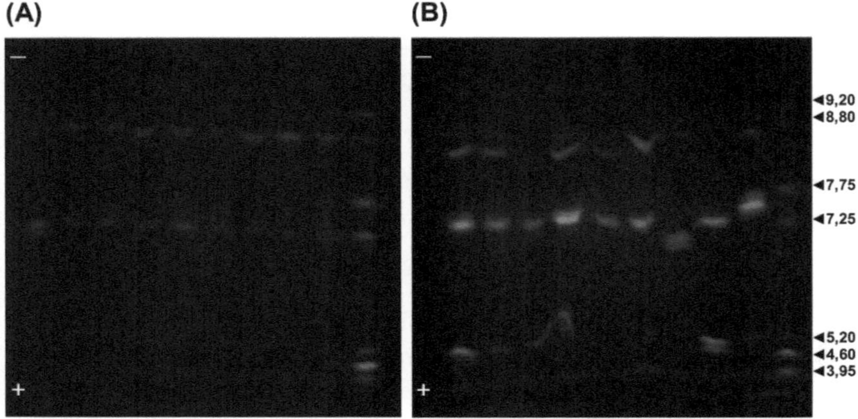
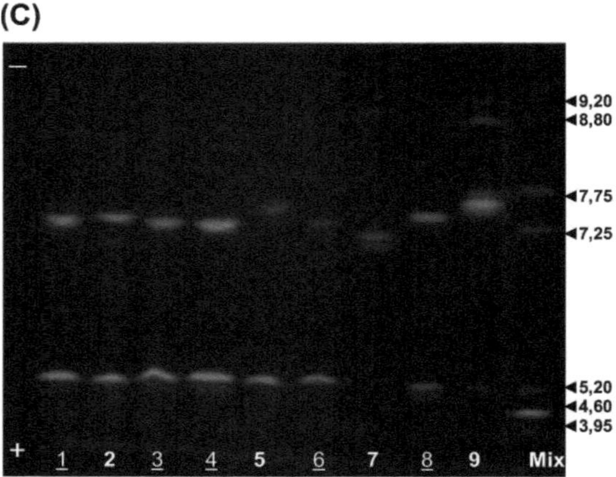

Figure 26: Profils des pyoverdines sur gel de polyacrylamide à 10% obtenus par isoélectrofocalisation

(A) PsS.150 (ligne 1), PsC.132 (ligne 2), PsWt.138 (ligne 3), PsWt.157 (ligne 4), PsCL.10C (ligne 5), PsWw.168 (ligne 6), PsC.99 (ligne 7), PsWw.175 (ligne 8) and PAO1 (ligne 9) → **Siderovar I**;
(B) PsWw.174 (ligne 1), PsS.2 (ligne 2), PsC.5 (ligne 4), PsTp.179 (ligne 5) and ATCC 27853 (ligne 9) → **Siderovar II**;
(C) PsS.3 (ligne 1), PsWw.127 (ligne 3), PsC.12 (ligne 4), PsCL.HMC1 (ligne 6) and Pa6 (ligne 8) →**Siderovar III**; Mix: Standard de pyoverdines de pHi connus

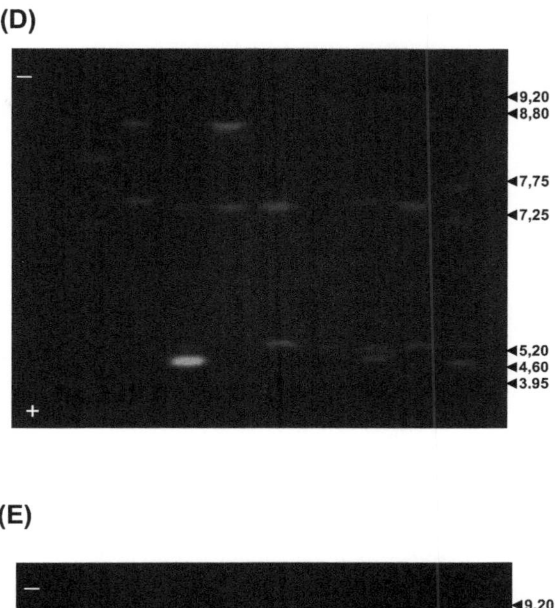

Figure 27: Profils des pyoverdines sur gel de polyacrylamide à 10% obtenus par isoélectrofocalisation

(D) PSTp.172 (ligne '9'), F317 (ligne '8'), PL7 (ligne 7), KT2440 (ligne '6'), PsTp.139 (ligne 5), G76 (ligne 4), G168 (ligne 3), PsWw.121 (ligne 2), PL8 (ligne 1);
(E) PsS.48 (ligne 1), PsS.26 (ligne 2), PsWs.173 (ligne 3), PsS.46 (ligne 4), PsS.4 (ligne 5), PsWs.147 (ligne 6), PsS.31 (ligne 7), PsS.18 (ligne 8) and PsS. 75 (ligne 9).
Mix: Standard de pyoverdines de pHi connus

Tableau 10: Représentations schématiques des différents patterns obtenus par isoélectrofocalisation

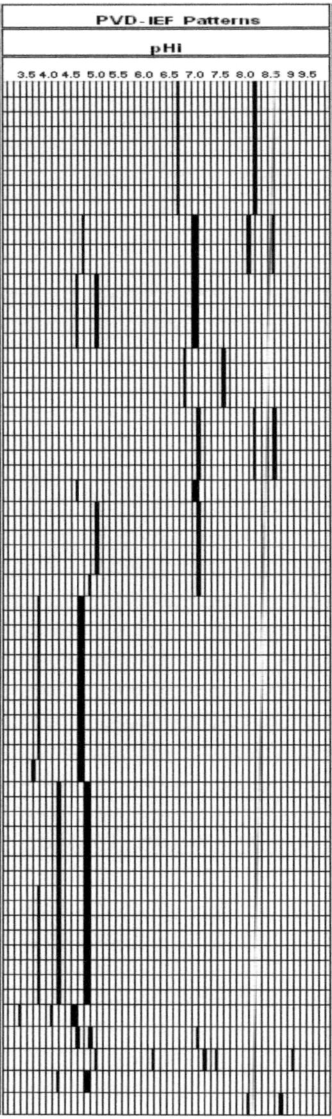

Souches	PVD-IEF Patterns pHi (3.5 4.0 4.5 5.0 5.5 6.0 6.5 7.0 7.5 8.0 8.5 9 9.5)	Siderovars N°
PsS.150		
PsWt.157		
PsWw.168		
PsWw.175		
PsC.132		
PsWt.138		
PsCL.10C		
PsTp.160		
PsC.99		I
PsTp.179		
PsC.5		
PsWw.174		
PsS.2		II
PsS.3		
PsCL.HMC1		
PsWw.127		
PsC.12		
PsWw.84		III
PsWw.121		
PsTp.142		
PsS.89		
PsWw.9		IV
PsTp.139		
PsWs.140		
PsTp.153		
PsTp.154		
PsTp.155		V
PsWw.128		VI
PsTp.169		
PsS.11		
PsTp.172		
PsS.103		
PsS.71		VII
PsC.10		VIII
PsS.73		
PsS.26		
PsS.29		
PsS.39		
PsS.25		
PsS.49		
PsS.60		
PsS.93		
PsS.90		
PsS.91		
PsS.23		IX
PsWs.173		X
PsS.28		
PsS.79		
PsS.48		
PsS.102		
PsTp.156		
PsWs.158		
PsS.15		XI
PsC.54		
PsS.4		
PsWw.124		
PsS.46		
PsS.31		
PsS.67		
PsS.18		
PsWs.147		XII
PsS.75		XIII
PsS.83		XIV
PsWt.146		XV
PsTp.171		XVI
PsWw.118		XVII

- La souche PsWw.121, de sidérotype IV, a donné comme valeur d'incorporation homologue 2467 cpm/ml et 1688 cpm/ml d'incorporation hétérologue avec la souche *P. fluorescens* bv.V (PL8), soit 68,42% d'incorporation (Figure 28, N° p yoverdine: 12).

- La souche PsTp.139, appartenant au sidérotype V, a incorporé sa propre pyoverdine avec une valeur de 1438 cpm/ml et de 1050 cpm/ml d'incorporation de la pyoverdine de la souche *P. putida* (G168), soit 73,01% d'incorporation.

- Pour la souche PsWw.128, représentant le sidértype VI, le résultat de l'incorporation homologue était de 1388 cpm/ml et de 1154 cpm/ml d'incorporation de la pyoverdine de la souche *Pseudomonas sp.* (B10), soit 83,14% d'incorporation.

- La souche PsTp.172, de sidérotype VII, a incorporé sa propre pyoverdine avec une valeur de 1134 cpm/ml et de 903 cpm/ml d'incorporation de la pyoverdine de la souche *P. putida* (KT2440), soit 79,62% d'incorporation.

- La souche PsC.10, appartenant au sidérotype VIII, a incorporé sa propre pyoverdine avec une valeur de 1482 cpm/ml et de 958 cpm/ml d'incorporation de la pyoverdine de la souche *P. grimontii / P. panacis*, soit 64,64% d'incorporation.

- La souche PsS.26, de sidérotype IX, a donné comme valeur d'incorporation homologue 2067 cpm/ml et 1769 cpm/ml d'incorporation hétérologue avec la souche *Pseudomonas sp.* (PL9), soit 85,58% d'incorporation.

- Pour la souche PsWs.173, représentant le sidértype X, le résultat de l'incorporation homologue était de 1053 cpm/ml et de 790 cpm/ml d'incorporation de la pyoverdine de la souche *P. putida* (PutC), soit 75,02% d'incorporation.

- La souche PsS.48, représentant le sidértype XI, le résultat de l'incorporation homologue était de 992 cpm/ml et de 415 cpm/ml d'incorporation de la pyoverdine de la souche *P. putida* (G176), soit 41,83% d'incorporation. Ce pourcentage même s'il est faible, il demeure supérieur à celui des autres souches de la banque de pyoverdine.

- La souche PsS.4, de sidérotype XII, a donné comme valeur d'incorporation homologue 1684 cpm/ml et 1227 cpm/ml d'incorporation hétérologue avec la souche *Pseudomonas sp.* (Ag13), soit 72,86% d'incorporation.

- La souche PsS.75, de sidérotype XIII, a donné comme valeur d'incorporation homologue 1045 cpm/ml et 906 cpm/ml d'incorporation hétérologue avec la souche *Pseudomonas sp.* (HR6), soit 86,69% d'incorporation (Figure 29, N°p yoverdine: 5).

- La souche PsS.83, de sidérotype XIV, a donné comme valeur d'incorporation homologue 2508 cpm/ml et 2250 cpm/ml d'incorporation hétérologue avec la souche *P. putida* (F317=G4R), soit 89,71% d'incorporation (Figure 30, N° pyoverdine: 24).

- La souche PsTF.171, de sidérotype XVI, a présenté comme valeur d'incorporation homologue 1431 cpm/ml et 1297 cpm/ml d'incorporation hétérologue avec la souche *Pseudomonas sp.* (LBSA1), soit 90,63% d'incorporation.

- Et enfin les deux souches PsWt.146 (de sidérotype XV) et PsWw.118 (de sidéroype XVII) ne présentent aucune valeur remarquable d'incorporation hétérologue par rapport aux incorporations homologues. Ceci envisage que ces deux souches peuvent présenter de nouvelles pyoverdines, surtout que leurs profils IEF sont différents.

De ce fait, mises à part les deux souches PsWt.146 et PsWw.118, il a été possible de faire correspondre une pyoverdine type de la banque de pyoverdines de référence à quinze pyoverdines des isolats représentatifs des différents sidérotypes identifiés. Ainsi, à l'aide du test de cross-incorporation, le classement des isolats de *Pseudomonas* déjà obtenu par IEF a été concrétisé. L'ensemble des résultats obtenu par l'IEF et la cross-incorporation du fer radioactif a permis de définir 17 sidérotypes.

Remarques

- Pour toutes les pyoverdines des isolats représentatifs des différents sidérotypes identifiés, on a pu correspondre une pyoverdine type appartenant à la banque de pyoverdines de référence.

- Pour la souche PsCL.HMC1, on a remarqué qu'elle a incorporé la pyoverdine de la souche de référence Pa6 (*P. aeruginosa*) avec un pourcentage d'environ 111%. Elle a donc incorporé la pyoverdine de la souche de référence plus que sa propre pyoverdine. Cette constatation doit être interprétée avec prudence et deux hypothèses peuvent être suggérées :

(i) Les pyoverdines produites par les différentes espèces sont très similaires en structure, les petites différences au niveau de leur résidus d'acide aminé, non impliqué au niveau de la complexation du fer, peuvent jouer un rôle critique dans la spécificité d'incorporation. Il doit y avoir des relations étroites dans la structure de la pyoverdine de ces différents groupes (Meyer, 2000).

(ii) Les récepteurs membranaires externes de ces bactéries pourraient aussi intervenir dans le phénomène d'incorporation du fer. Des études immunologiques de ces protéines membranaires sont recommandées afin de déterminer cette spécificité de reconnaissance (Dany et Meyer, 1998).

Le pouvoir discriminatif du sidérotypage est estimé à 0,915.

Le Tableau 10 renferme un résumé de l'ensemble des résultats obtenus par les différentes techniques moléculaires (ITS-PCR, ARDRA, Box-PCR), analytique (IEF) et biologique (cross-incorporation).

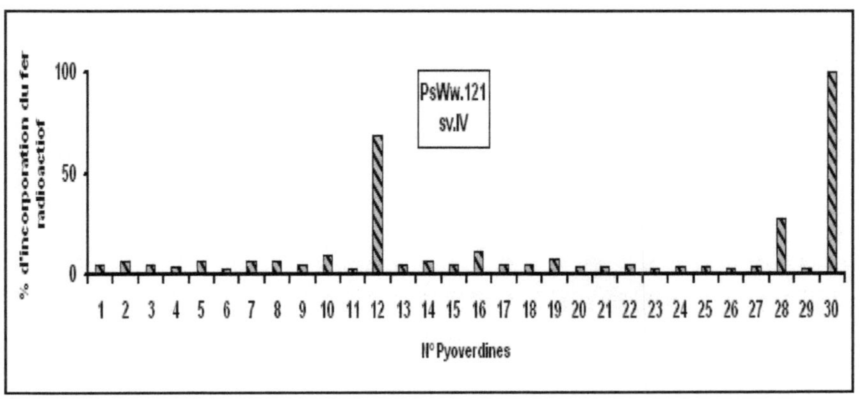

Figure 28: Incorporations hétérologues du complexe Pyoverdine-^{59}Fe par la souche PsWw.121 appartenant au sidérotype IV.

Les valeurs en ordonnée correspondent à la radioactivité (^{59}Fe) incorporée dans les cellules, exprimées en pourcentage, avec 100% représentant l'incorporation de la pyoverdine homologue chélatant le ^{59}Fe (pyoverdine 30 en abscisse). Les autres pyoverdines testées en abscisses (pyoverdines basiques de 1 à 29) correspondent à différentes structures de pyoverdine synthétisées par les souches suivantes :

1: G24, 2: G83, 3: G84, 4:G169, 5: *Pseudomonas* sp. CFML 96-312, 6: *Pseudomonas* sp. CFML 96-318, 7: *Pseudomonas* sp. CFML 95-275, 8: Lille25, 9: *Pseudomonas sp.* strain E8, 10: *P.fluorescens* SB8.3, 11: A6, 12: *P.fluorescens* **PL8**, 13: *P.Kilonensis*, 14: *P.fluorescens* ATCC 13525, 15: *P.fluorescens* 18.1, 16: *P.aeruginosa* PAO1, 17: *P.putida* CFML 90-136, 18: D46, 19: *P. putida* G168, 20: 96-192, 21: *P. libanensis* CFML 96-195, 22: *Pseudomonas* sp. PS6-10, 23: *P.putida* (Gwose), 24: Lille 40 (9AW), 25: *P.fluorescens* ATCC 17400, 26: *P.fluorescens* 1.3, 27: 96-319, 28: CHO59, 29: CIP 75.23.

Les pyoverdines de 1 à 29 sont des produits de purifications XAD, tandis que les pyoverdines homologues sont utilisées directement à partir de surnageant de culture.

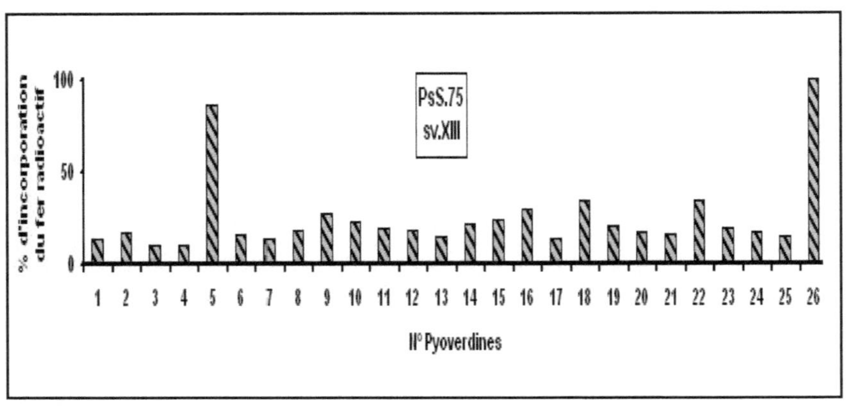

Figure 29: Incorporations hétérologues du complexe Pyoverdine-^{59}Fe par la souche PsS.75 appartenant au sidérotype XIII.

Les valeurs en ordonnée correspondent à la radioactivité (^{59}Fe) incorporée dans les cellules, exprimées en pourcentage, avec 100% représentant l'incorporation de la pyoverdine homologue chélatant le ^{59}Fe (pyoverdine 26 en abscisse). Les autres pyoverdines testées en abscisses (pyoverdines acides de 1 à 25) correspondent à différentes structures de pyoverdine synthétisées par les souches suivantes :

1: *P.putida* CFML 90-42, 2: syr, 3: *Pseudomonas* sp. PL9, 4: *P.putida* C, 5: *Pseudomonas* sp. **HR6**, 6: *Pseudomonas* sp. CFML 90-33, 7: *P.putida* CFML 90-40, 8: G166, 9: G172, 10: *P.putida* G176, 11: G173, 12: *P.putida* ATCC 12633, 13: *Pseudomonas* sp. strain A214, 14: AP1, 15: AP15, 16: G86 (G89), 17: G88, 18: *Pseudomonas* sp. Ag13, 19: *Pseudomonas* Malar, 20: fluo1 (CFT1), 21: Fb4, 22: Jn5, 23: *Pseudomonas* sp. Jn7, 24: Oc9, 25: Oc19.

Les pyoverdines de 1 à 25 sont des produits de purifications XAD, tandis que les pyoverdines homologues sont utilisées directement à partir de surnageant de culture.

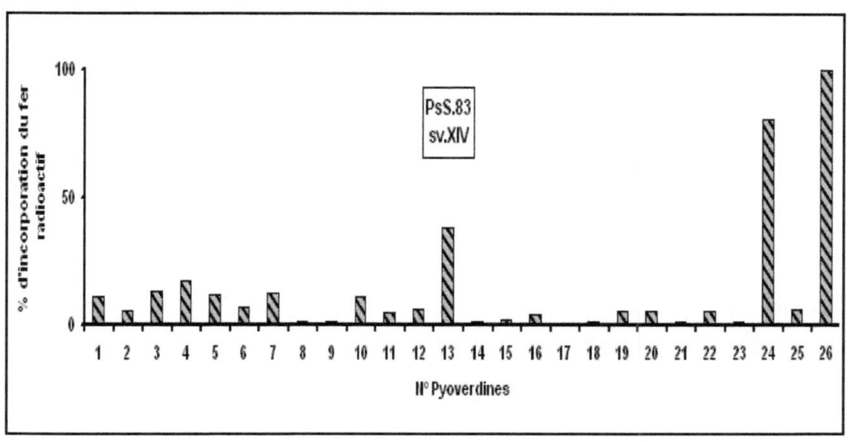

Figure 30: Incorporations hétérologues du complexe Pyoverdine-^{59}Fe par la souche PsS.83 appartenant au sidérotype XIV.

Les valeurs en ordonnée correspondent à la radioactivité (^{59}Fe) incorporée dans les cellules, exprimées en pourcentage, avec 100% représentant l'incorporation de la pyoverdine homologue chélatant le ^{59}Fe (pyoverdine 26 en abscisse). Les autres pyoverdines testées en abscisses (pyoverdines neutres de 1 à 25) correspondent à différentes structures de pyoverdine synthétisées par les souches suivantes :

1: 90-44, 2: G76, 3: G4, 4: *Pseudomonas* sp. 90-51, 5: GS43, 6: Ps3a, 7: W, 8: Lille1, 9: GS37, 10: *P.aeruginosa* Pa6, 11: 7SR1vdh (2908), 12: WCS358, 13: *P.fluorescens* PL7, 14: B10, 15: 51W, 16: *P.fluorescens* Pflii, 17: 96-188, 18: *P.fluorescens* Pfl12, 19: D47, 20: ML45, 21: *P.fluorescens* Pf0-1, 22: AP3, 23: G85, 24: *P. putida* **F317(=G4R)**, 25: *Pseudomonas sp.* F360.

Les pyoverdines de 1 à 25 sont des produits de purifications XAD, tandis que les pyoverdines homologues sont utilisées directement à partir de surnageant de culture.

4- Discussion

L'implication de certaines espèces de *Pseudomonas* fluorescents dans les domaines biotechnologiques (protection et promotion de la croissance des plantes) et pathologiques (maladies des plantes, des animaux et des humains) a nécessité le développement d'une classification précise et d'une identification fiable.

Ces dernières années, plusieurs études ont été réalisées afin d'analyser la diversité du genre *Pseudomonas* et des espèces apparentées. Ces études ont utilisé un grand nombre de techniques de typages, conventionnels ou moléculaires. Toutefois, plusieurs études sur les *Pseudomonas* se réfèrent essentiellement à des isolats cliniques bien qu'il y ait peu d'informations sur les souches environnementales (Sazakli et al., 2005). Tenant compte de la diversité du genre *Pseudomonas* et des obstacles des méthodes de culture traditionnelles pour l'identification des espèces de *Pseudomonas*, ce qui a nécessité l'utilisation et le recours à des méthodes plus fiables d'identification.

La première partie du travail a pour but de rechercher des corrélations possibles entre les méthodes de typage et d'identification et de déterminer les apparentées possibles des différents isolats environnemental et cliniques appartenant au genre *Pseudomonas*. Ces techniques taxonomiques polyphasiques utilisées dans cette étude ont été choisies afin de comparer les données phénotypiques (API20NE), analytiques (IEF), biologiques (cross-incorporation du fer radioactif) et génotypiques visant la totalité du génome (BOX-PCR) et des zones bien définies (ARDRA et ITS-PCR).

Une des méthodes les plus simples d'identification est le système d'identification API20NE composé de 20 tests biochimiques. Mais cette technique reste d'une faible fiabilité et efficacité (Shelly et al., 2000), au moins pour les isolats environnementaux. La particularité des isolats de l'environnement est qu'ils se heurtent souvent à de faibles teneurs en nutriments ou à des conditions de carence. Afin d'adapter des mécanismes de survie, les microorganismes changent certains de leurs caractères phénotypiques (Mavridou et al., 1994). Le problème avec la méthode mentionnée ci-dessus, c'est qu'elle a été élaborée pour des isolats d'origine clinique et souvent ne parvient pas à identifier les souches environnementales correctement, surtout au sein des sous-espèces (Ferreira et al., 1996). Un autre inconvénient des systèmes biochimiques commercialisés réside principalement dans leurs bases de données qui demeurent incomplètes (Soler et al., 2003). Par exemple, au niveau de la base de données, très peu d'espèces de *Pseudomonas* sont incluses, tandis que dans la nature un grand nombre d'espèces et sous espèces a été rapportée. Cette étude vérifie les limites des API20NE pour l'identification des souches de *Pseudomonas* puisque cette technique biochimique a permis l'identification uniquement de trois groupes d'espèces, d'où la nécessité d'utiliser et de faire appel à des approches moléculaires.

La méthode ITS-PCR, basée sur le polymorphisme des régions intergéniques, 16S-23S a été utilisée dans plusieurs investigations pour différencier entre genres et espèces de bactéries à Gram négative (Wang et al., 2001, Ouzari et al., 2008). Jensen et al. (1993) ont estimé que les multiples variations de taille de cette région intergénique peuvent conduire à une identification de nombreuses espèces bactériennes, ainsi que la distinction entre certaines sous-espèces. Les résultats obtenus dans cette étude diffèrent de ceux-ci, puisque cette méthode de typage ITS-PCR n'a pas fourni une division et une distinction très logique d'espèces par rapport aux autres méthodes. Par exemple, les souches de *P. aeruginosa* et *P. otitidis* ont été groupées en un même génomovar. Ceci est dû au nombre limité de bandes obtenues (une seule bande pour la majorité des souches), ce qui a pour effet de ne pas fournir suffisamment de caractères pour une différenciation concluante de toutes les espèces et sous-espèces (Dawson et al., 2002). D'autres auteurs ont remarqué que le typage ITS-PCR peut être amélioré par une digestion des produits de PCR avec des endonucléases de restriction (Jeng et al., 2001, Scarpellini et al., 2004 ; Natalini et al., 2007).

Cependant, la technique ARDRA utilisant six enzymes de restriction, paraît ici plus fiable puisqu'elle a pu distinguer certaines espèces (*P. aeruginosa*, *P. fluorescens* et *P. otitidis*) du reste de la collection. Ceci est expliqué par le fait que l'enzyme *MspI* a permis le screening de l'espèce *P. aeruginosa* des autres souches (Cho et Tiedje 2000). De plus l'enzyme *AluI* a différencié les deux espèces *P. aeruginosa* et *P. fluorescens* (Rangarajan et al., 2001). L'étude effectuée par Jeng et al.

(2001) a pu spécifier, en utilisant l'enzyme *EcoRI*, l'espèce *Erwinia amylovora* du reste du groupe.

Dawson et al. (2002) ont prouvé que l'ARDRA est une technique de haute résolution qui peut aboutir à des résultats intéressants pour les groupes de bactéries homogènes. De plus, ils ont noté qu'il est possible de placer certaines espèces dans des groupes facilement reconnaissables.

D'autre part, les endonucléases Hinfl, Hhal et HaeIII ont permis d'obtenir des profils de bandes polymorphes, ce qui explique la répartition des espèces en 17 groupes ARDRA.

En utilisant des techniques rapides (moins de 3 h), fiable et peu coûteuse tel que le sidérotypage (IEF et cross-incorporation du fer radioactif), il a été possible de caractériser un grand nombre d'isolats de *Pseudomonas* fluorescents dans un délai de temps raisonnable, et de les regrouper en sidérovars. Ainsi, les souches appartenant à une espèce donnée produisent une pyoverdine de structure identique (Meyer 2000 ; Meyer et al., 2002 ; Geoffroy et al., 2004). De ce fait, ces méthodes basées sur la caractérisation de ce puissant chélateur de fer ont pu générer un nombre assez élevé de caractères différents (diverses pyoverdines) et par suite aboutir à une bonne résolution taxonomique. Comme résumé de tous ses travaux, Meyer (2010) a bien conclu que les techniques de sidérotypage aboutissent à une bonne discrimination entre les pyoverdines produites par les *Pseudomonas* fluorescents. Il a ajouté que cette technique est généralement suffisante pour un groupement correct de souches ayant la même pyoverdine. De plus, les souches produisant des patterns IEF différents ou qui ne cross-incorporent pas leurs pyoverdines hétérologues, présentent sans aucun doute des pyoverdines de structures différentes.

La dernière technique de typage moléculaire utilisée au cours de cette thèse est la Box-PCR qui s'est avérée la technique la plus efficace dans la détection du haut degré de diversité intraspécifique chez les espèces de *Pseudomonas* (Popavath et al., 2008a). En effet, contrairement aux opérons ribosomiques qui sont assez conservés, la Box-PCR cible la totalité de génome incluant des régions variables qui ne subissent pas une grande pression de sélection (Versalovic et al. 1991 ; Elaichouni et al., 1994). En utilisant cette méthode, deux groupes majeurs avec 45 profils Box différents ont été distingués. Ces résultats sont en accord avec les travaux effectués par Popavath et al. (2008b), qui ont montré que l'amplification de ces régions consensus des souches de *Pseudomonas* fluorescents isolées de la rhizosphère a généré 41 profils différents sur une collection de 80 souches. Par ailleurs, ces recherches reflètent un haut degré de polymorphisme entre des souches très apparentées. Il est intéressant de signaler que les profils pourraient permettre la distinction des espèces de *P. aeruginosa* des autres espèces du genre. Cette constatation est due à une bande spécifique observée de taille approximative 400 pb caractéristique de cette espèce.

Les études menées au niveau de la population de 66 isolats de *Pseudomonas* a conduit à une comparaison des résultats obtenus par les différentes méthodes étudiées au cours de ces travaux de thèse. En effet, cette recherche a permis la détection de similitudes et de différences dans les relations entre les différents isolats de *Pseudomonas*. En tenant compte du pouvoir discriminatif des différentes méthodes de typage, il a été constaté que la Box-PCR est la technique la plus discriminative (0,973), suivie du sidérotypage (0,915), puis de l'ARDRA (0,847), ensuite de l'ITS-PCR (0,797) et enfin de l'API20NE (0,604) qui s'avère la technique la moins discriminative. Une corrélation relative entre l'ARDRA et le sidérotypage a été notée au niveau de neuf groupes d'isolats. Par ailleurs, les souches des génomovars B, C, D, F, G-H, I, L, M, et N occupent respectivement les mêmes sidérovars IV, V, VI, VIII, IX, X, XII, XIII et XIV. Par contre, l'ARDRA a révélé une homogénéité au sein des *P. aeruginosa* (Dawson et al., 2002) tandis que le sidérotypage a classé les *P. aeruginosa* en trois groupes différents selon la nature de leur pyoverdine (Meyer et al., 1997). Cependant, les empreintes génomiques obtenues par BOX-PCR ont permis la reconnaissance de 14 profils différents parmi les souches de *P. aeruginosa*, ce qui reflète un haut degré de diversité interspécifique (Popavath et al., 2008a).

Il est aussi important de noter que toutes les techniques de typage utilisées, produisant une diversité de profils, dépeint l'hétérogénéité de l'espèce *P. putida*.

Ainsi, les isolats identifiés par séquençage de l'ADNr 16S en tant que *P. putida*, forment des groupes dispersés au niveau des différents dendrogrammes, ce qui confirme une faible cohésion au sein de cette espèce. Plusieurs études décrivant l'importante diversité des *P. putida* ont souligné la nécessité de clarifier la taxonomie de cette espèce (Bossis et al., 2000) et de la réorganiser en plusieurs sous-espèces (Regenhardt et al., 2002). Comparable aux résultats obtenus de séquençage du gène codant l'ADNr 16S, Moore et al. (1996) ont constaté des différences de séquences supérieures à 3% entre les différentes souches de *P. putida* et ils ont suggéré que ce taxon peut englober plusieurs sous-espèces.

Meyer et al. (2007) ont analysé par sidérotypage la diversité de 144 souches attribuée à l'espèce *P. putida* et ils ont montré une grande diversité de ces souches qui pourraient être subdivisées en 35 siderovars. Ainsi ces auteurs ont proposé de nouvelles espèces de *Pseudomonas*.

Tout en étant hautement conservé, le séquençage partiel du gène codant l'ADNr 16S des *Pseudomonas* fluorescents a montré une difficulté de séparer les bactéries, avec un risque élevé d'identifications incorrectes (Rangel-Castro et al., 2002). Dans la plupart des cas, les différentes espèces montrent des séquences d'ADNr 16S très similaires ou même identiques (Grimont, 2002 ; Gomila et al., 2007). En plus, au niveau des bases de données (BLAST), une seule souche peut avoir une homologie avec différentes espèces, ce qui rend l'identification de plus en plus complexe.

Par conséquent et suite à ces contraintes, l'identification des souches représentatives des groupes a été élucidée par séquençage du gène rpoB. Ce dernier, jouant un rôle essentiel dans le métabolisme cellulaire, est très conservé dans le génome bactérien et une copie est présente dans toutes les bactéries. En comparant les arbres phylogéniques des gènes de l'ADNr 16S et rpoB, on a pu observer des branches généralement plus longues au niveau de l'arbre rpoB que celui de l'arbre ADNr 16S. En outre, le nombre de groupes soutenus par des valeurs de bootstrap supérieures à 70% est plus élevé au niveau de l'arbre rpoB. Ainsi, nos travaux rejoignent ceux obtenus par Ait Tayeb et al. (2005) qui ont montré que la résolution taxonomique du gène rpoB est trois fois plus importante que celle obtenue par le séquençage du gène codant l'ADNr 16S. Une identification plus fine des souches de *Pseudomonas* a été ainsi obtenue avec le séquençage du gène rpoB facilitant l'affiliation des souches à l'espèce et même à la sous-espèce. En revanche, le séquençage partiel de ces gènes présente toujours des limites puisque l'identification de certaines bactéries pourrait s'avérer incorrecte. Par exemple, l'analyse des séquences ADNr 16S et rpoB a révélé la présence de l'espèce *P. otitidis* (PsWw.118), une espèce non-fluorescente de *Pseudomonas*, ce qui est un résultat très inattendu, puisque le premier critère de sélection des souches est la révélation d'une fluorescence sur milieu King B (Clark et al., 2006; Chang et al., 2008).

5- Conclusion

Les études menées au cours de ce premier chapitre ont conduit à une comparaison des différentes méthodes de typage des *Pseudomonas* fluorescents. En effet, il a été possible de détecter des similitudes et des différences dans les relations entre les différents isolats de *Pseudomonas*. L'analyse génotypique a montré que la Box-PCR est une méthode rapide et efficace dans la détection d'un haut degré de diversité intraspécifique chez les espèces de *Pseudomonas*. La Box-PCR a révélé une multitude de profils (45 profils différents) par rapport aux deux autres techniques de typage ARDRA et ITS (respectivement 17 et 12 profils différents). Le séquençage du gène rpoB a présenté une résolution taxonomique importante, permettant ainsi ce distinguer 13 espèces différentes de *Pseudomonas*, alors que le séquençage du gène 16S rRNA a permis de différencier uniquement 9 espèces. D'autre part, les méthodes basées sur la caractérisation du puissant chélateur de fer dont l'iso-électro-focalisation a pu générer 17 sidérovars et le cross incorporation du fer radioactif qui a pu assigner tous les sidérotypes, sauf deux souches, à des espèces bien définies.

Tableau 11: Diversité génétique des isolats de *Pseudomonas* fluorescents

Souches	Numéro d'accès des séquences du gène **ADNr 16S**	Espèces les plus apparentées (Numéro d'accès)	Numéro d'accès des séquences du gène **rpoB**	Espèces les plus apparentées (Numéro d'accès)	Profiles ARDRA	profiles ITS	profiles BOX	Sidérovars	Attribution potentielle à l'espèce : cross-incorporation du ^{55}Fe
PsS150	HM627571	P. aeruginosa (AB594761)	JN590039	P. aeruginosa (AJ717442)	A	1	III$_2$	I	P. aeruginosa (PAO1)
PsWt157					A	1	I$_4$	I	P. aeruginosa (PAO1)
PsWw168					A	1	III$_7$	I	P. aeruginosa (PAO1)
PsWw175					A	1	I$_2$	I	P. aeruginosa (PAO1)
PsC132	HM627574	P. aeruginosa (AB594761)	JN627242	P. aeruginosa (FJ652695)	A	12	III$_5$	I	P. aeruginosa (PAO1)
PsWt138					A	1	I$_2$	I	P. aeruginosa (PAO1)
PsCL10C					A	1	I$_1$	I	P. aeruginosa (PAO1)
PsTp160					A	1	II$_2$	I	P. aeruginosa (PAO1)
PsC99					A	1	II$_1$	I	P. aeruginosa (PAO1)
PsTp179					A	1	I$_2$	II	P. aeruginosa (ATCC 27853)
PsC5					A	1	I$_4$	II	P. aeruginosa (ATCC 27853)
PsWw174					A	1	III$_3$	II	P. aeruginosa (ATCC 27853)
PsS2	HM627611	P. putida (HM439974) /P. plecoglossicida (HM439959) / P. monteilii (GQ140338)	JN701899	P. putida (AJ864841)/ P. syncynea (AJ748198)	A	11	III$_1$	II	P. aeruginosa (ATCC 27853)
PsS3	HM627570	P. aeruginosa (EF062511)	JN620413	P. aeruginosa (FJ652697)	A	1	I$_5$	III	P. aeruginosa (Pa6)
PsCLHMC1					A	1	III$_2$	III	P. aeruginosa (Pa6)
PsWw127					A	1	III$_3$	III	P. aeruginosa (Pa6)
PsC12					A	1	III$_3$	III	P. aeruginosa (Pa6)
PsWw84	HM627575	P. aeruginosa (EF062511)	JN590033	P. aeruginosa (FJ652697)	A	1	III$_6$	III	P. aeruginosa (Pa6)
PsWw121	HM627577	P. aeruginosa (HM439972)	JN590036	P. otitidis (FN554745)	B	1	VI$_2$	IV	P. fluorescens bv.V (PL8)

Souches	Numéro d'accès des séquences du gène ADNr 16S	Espèces les plus apparentées (Numéro d'accès)	Numéro d'accès des séquences du gène rpoB	Espèces les plus apparentées (Numéro d'accès)	Profiles ARDRA	profiles ITS	profiles BOX	Sidérovars	Attribution potentielle à l'espèce : cross-incorporation du ^{59}Fe
PsTp142					B	1	VI_2	IV	*P. fluorescens* bv.V (PL8)
PsS89	HM627583	*P. fluorescens* (GU059580)	JN590034	*P. moraviensis* (FN554743)	B	1	VII_5	IV	*P. fluorescens* bv.V (PL8)
PsWw9					B	1	VI_2	IV	*P. fluorescens* bv.V (PL8)
PsTp139	HM627618	*P. putida* (HQ166061)/ *P. plecoglossicida* (AB546345)	JN660816	*Pseudomonas* sp. (AJ748161)	C	2	IV_{12}	V	*P. putida* (G168)
PsWs140	HM627619	*P. putida* (FJ950560)	JN590037	*P. monteilii* (AJ717455)	C	3	IV_{13}	V	*P. putida* (G168)
PsTp153					C	4	IV_{13}	V	*P. putida* (G168)
PsTp154					C	4	IV_{13}	V	*P. putida* (G168)
PsTp155					C	4	IV_{13}	V	*P. putida* (G168)
PsWw128	HM627582	*P. fluorescens* (GU059580)		*P. vancouverensis* (AJ717473)	D	5	VII_4	VI	*Pseudomonas* sp. (B10)
PsTp169					E	6	IV_5	VII	*P. putida* (KT2440)
PsS11	HM627617	*P. monteilii* (EU430088)	JN634561	*Pseudomonas* sp. (AJ748161)	E	6	IV_{12}	VII	*P. putida* (KT2440)
PsTp172					E	6	IV_5	VII	*P. putida* (KT2440)
PsS103					E	6	IV_6	VII	*P. putida* (KT2440)
PsS71	HM627580	*P. putida* (HM446002)	JN701900	*P. putida* (AJ864841)/ *P. syncynea* (AJ748198)	E	7	IV_{11}	VII	*P. putida* (KT2440)
PsC10	HM627622	*P. putida* (HM641753)	JN603371	*Pseudomonas* sp. (AM944726)	F	7	V_2	VIII	*P. grimontii* / *P. panacis* (Pfl12)
PsS73	HM627594	*P. fluorescens* (HM439968)/ *P. thivervalensis* (EU221415)	JN704638	*P. aurantiaca* (AJ717421)/ *P. chlororaphis* (AJ717426)	G	7	VII_5	IX	*Pseudomonas* sp. (PL9)
PsS26	HM627593	*P. fluorescens* (HM439968)/ *P. thivervalensis* (EU221415)	JN704637	*P. aurantiaca* (AJ717421)/ *P. chlororaphis* (AJ717426)	H	7	VII_7	IX	*Pseudomonas* sp. (PL9)
PsS29	HM627585	*P. fluorescens* (HM439968)/ *P. thivervalensis* (EU221415)	JN660815	*P. aurantiaca* (AJ717421)/ *P. chlororaphis* (AJ717426)	H	7	VII_8	IX	*Pseudomonas* sp. (PL9)

Souches	Numéro d'accès des séquences du gène ADNr 16S	Espèces les plus apparentées (Numéro d'accès)	Numéro d'accès des séquences du gène rpoB	Espèces les plus apparentées (Numéro d'accès)	Profiles ARDRA	profiles ITS	profiles BOX	Sidérovars	Attribution potentielle à l'espèce : cross-incorporation du ^{55}Fe
PsS39					H	7	VII_e	IX	Pseudomonas sp. (PL9)
PsS25					H	7	VII_e	IX	Pseudomonas sp. (PL9)
PsS49					H	7	VII_e	IX	Pseudomonas sp. (PL9)
PsS60					H	7	VII_e	IX	Pseudomonas sp. (PL9)
PsS93	HM627589	P. fluorescens (HM439968)/ P. thivervalensis (EU221415)	JN627241	P. aurantiaca (AJ717421)/ P. chlororaphis (AJ717426)	H	7	VII_e	IX	Pseudomonas sp. (PL9)
PsS90					H	7	VII_e	IX	Pseudomonas sp. (PL9)
PsS91					H	7	VII_e	IX	Pseudomonas sp. (PL9)
PsS23					H	7	VII_e	IX	Pseudomonas sp. (PL9)
PsWs173	HM627621	P. putida (FJ577648)/ P. plecoglossicida (FJ577676)	JN711467	Pseudomonas sp. (AJ748161)	I	8	V_e	X	P. putida (PutC)
PsS28	HM627596	P. putida(HM439974) /P.plecoglossicida (HM439959) / P. monteilii (GQ140338)	JN590028	P. oleovorans (AJ748199)	J	9	IV_e	XI	P. putida (G176)
PsS79	HM627629	P. putida (HQ162489)/ P. plecoglossicida (HM209783)	JN695065	P. oleovorans (AJ748199)	J	9	IV_{10}	XI	P. putida (G176)
PsS48	HM627598	P. putida(HM439974) /P. plecoglossicida (HM439959)/ P. monteilii (GQ140338)	JN590031	P. oleovorans (AJ748199)	J	9	IV_9	XI	P. putida (G176)
PsS102					K	9	VII_2	XI	P. putida (G176)
PsTp156	HM627607	P. putida(HM439974) /P. plecoglossicida (HM439959)/ P. monteilii (GQ140338)	JN590040	P. oleovorans (AJ748199)	E	9	IV_2	XI	P. putida (G176)
PsWs158					E	9	IV_4	XI	P. putida (G176)
PsS15	HM627595	P. putida(HM439974) /P. plecoglossicida (HM439959) / P. monteilii (GQ140338)	JN634562	P. oleovorans (AJ748199)	E	9	IV_1	XI	P. putida (G176)

Souches	Numéro d'accès des séquences du gène ADNr 16S	Espèces les plus apparentées (Numéro d'accès)	Numéro d'accès des séquences du gène rpoB	Espèces les plus apparentées (Numéro d'accès)	Profiles ARDRA	profiles ITS	profiles BOX	Sidérovars	Attribution potentielle à l'espèce : cross-incorporation du ^{56}Fe
PsC54	HM627597	P. putida (HM439974)/P. plecoglossicida (HM439959) / P. monteilii (GQ140338)	JN603372	P. oleovorans (AJ748199)	E	10	IV$_7$	XII	Pseudomonas sp. (Ag13)
PsS4	HM627612	Pseudomonas sp. (EU439402)	JN590027	P. plecoglossicida (AJ717456)	E	9	III$_8$	XII	Pseudomonas sp. (Ag13)
PsWw124					E	9	IV$_2$	XII	Pseudomonas sp. (Ag13)
PsS46	HM627613	P. putida (HM439974) /P. plecoglossicida (HM439959) / P. monteilii (GQ140338)	JN590030	P. oleovorans (AJ748199)	E	6	IV$_1$	XII	Pseudomonas sp. (Ag13)
PsS31	HM627624	P. putida (HM439974) /P. plecoglossicida (HM439959) / P. monteilii (GQ140338)	JN590039	P. oleovorans (AJ748199)	K	9	VII$_1$	XII	Pseudomonas sp. (Ag13)
PsS67	HM627602	P. putida (HM439974)/P. plecoglossicida (HM439959) / P. monteilii (GQ140338)	JN695063	P. oleovorans (AJ748199)	K	9	VII$_2$	XII	Pseudomonas sp. (Ag13)
PsS18					K	9	VII$_2$	XII	Pseudomonas sp. (Ag13)
PsWs147	HM627623	P. putida (HM439974)/P. plecoglossicida (HM439959) / P. monteilii (GQ140330)	JN620414	P. oleovorans (AJ748199)	L	9	V$_3$	XII	Pseudomonas sp. (Ag13)
PsS75	HM627609	P. putida (HM439974) /P. plecoglossicida (HM439959) / P. monteilii (GQ140338)	JN695064	P. oleovorans (AJ748199)	M	9	V$_3$	XIII	Pseudomonas sp. (HR6)
PsS83	HM627581	P. putida (HM446002)	JN590032	P. corrugata (AJ748175)	N	7	VI$_1$	XIV	P. putida G4R (=F317)
PsWt146	HM627604	P. putida (HQ236524)	JN590038	P. monteilii (AJ786273)	O	7	V$_4$	XV	aucune
PsTp171	HM627603	P. mosselii (EU301780)	JN590041	P. mosselii (FN554744)	O	7	V$_1$	XVI	Pseudomonas sp. (LBSA1)
PsWw118	HM627606	P. otitidis (EU239122)/ P. guezennei (AM922198)	JN590035	P. otitidis (FN554745)	B	1	VI$_2$	XVII	aucune

Chapitre II

Mise en évidence de la production d'hormones, d'enzymes et du système de communication chez les *Pseudomonas* fluorescents

Les *Pseudomonas* fluorescents étaient longtemps utilisés en tant qu'agent de bio-contrôle et de bio-fertilisation. Comme on l'a signalé dans le chapitre bibliographique, ce groupe bactérien produit un grand nombre de métabolites qui sont utilisés avec succès dans différents domaines industriels et biotechnologiques.

Dans ce chapitre, on propose de déterminer les souches qui présentent un large spectre d'activité (antagonismes, production d'hormones, d'enzymes etc.) selon l'espèce et l'origine de la collection précédemment identifiées.

1- Détection de la production des lactones (*Quorum-sensing*)

Le système de communication cellulaire : *Quorum-sensing* (QS) implique la synthèse de molécules signal de faible poids moléculaire qui agissent comme des régulateurs de transcription génétique. Chez les bactéries à Gram négative, les molécules sont exclusivement des *N*-Acyl-Homosérine Lactone (NAHL).

Vu le rôle important qu'exerce le QS dans la coordination de l'expression des gènes de virulence dans la production de métabolites secondaires et dans l'organisation du biofilm, il s'est avéré important de détecter les souches productrices de lactone.

Le principe de leur détection chez les isolats est basé sur la complémentarité avec les gènes NAHL chez une souche de

Chromobacterium violaceum (CVO26) dont la production de violaceine est sous dépendance des molécules NAHL. La souche utilisée pour la révélation des molécules NAHL possède tous les gènes impliqués dans la production de la violaceine, mais elle possède des copies mutées de 2 gènes de régulation de la production de molécules NAHL. Ce fait rend la production de violaceine dépendante de molécules NAHL exogènes. La détection de souches de *Pseudomonas* productrices de ces molécules se traduit par l'apparition d'une couleur violette (pigmentation due à la production de violaceine) autour des puits renfermant les surnageants des souches testées.

La sécrétion des molécules de NAHL a été mise en évidence chez les 66 souches de la collection. La production de lactone a été révélée chez 34 souches (soit 51.6%) de *Pseudomonas* avec un diamètre de diffusion de ces substances variables d'une souche à une autre, parmi lesquelles huit souches (PsWt138, PsC99, PsWw174, PsWs147, PsS31, PsS67, PsS18, PsS39) présentant un diamètre de diffusion supérieur à 40 mm (Figure 31). Il est important de noter que, mise à part PsC10, PsWs147, PsS31, PsS67 et PsS18, toutes les souches appartenant à l'espèce *P. putida* et ses sous-espèces ne produisent pas de lactone. Par contre presque toutes les souches de *P. aeruginosa* et *P. fluorescens* produisent cette molécule (Tableau 12).

2- Détection de la dégradation des lactones (*Quorum-quenching*)

Du fait que les bactéries pathogènes ou phytopathogènes utilisent le *Quorum-sensing* pour la régulation de leur virulence, il serait intéressant d'interrompre ce système de communication afin de lutter contre les infections bactériennes. C'est ainsi que les mécanismes de *quorum-quenching* ont attiré beaucoup d'attention dans le but de trouver des moyens pour inactiver les molécules-signaux (NAHL).

Trente deux (32) souches de *Pseudomonas* ne produisant pas de lactone ont été testées pour leur capacité de dégrader les NAHLs des 34 souches productrices de cette molécule. L'activité se traduit par l'absence ou la réduction du diamètre de l'halo du pigment violet (violaceine), correspondant à la dégradation totale (qui peut concorder à la réduction de la concentration des molécules-signaux au dessous du seuil de détection de CVO26) ou partielle des NAHLs testées (Figure 32). Les résultats obtenus ont montré la présence d'activité inhibant les NAHLs chez les souches de *Pseudomonas* productrices de lactone, avec un spectre d'activité de dégradation différent (Tableau 14). Le screening a révélé que 30 souches (soit 45%) sont capables d'interférer avec les lactones alors que 12 souches (soit 37,5%) sont capables d'inhiber la production de lactone d'une large gamme de souches (plus que 20 souches). En effet, les souches PsTp171 et PsS102 se caractérisent par une activité assez forte du fait qu'elles pouvaient inhiber la totalité des souches y compris les souches pathogènes. On note qu'uniquement les deux souches PsTp160 et PsS71 ne montrent aucune activité inhibitrice envers les lactones des souches testées.

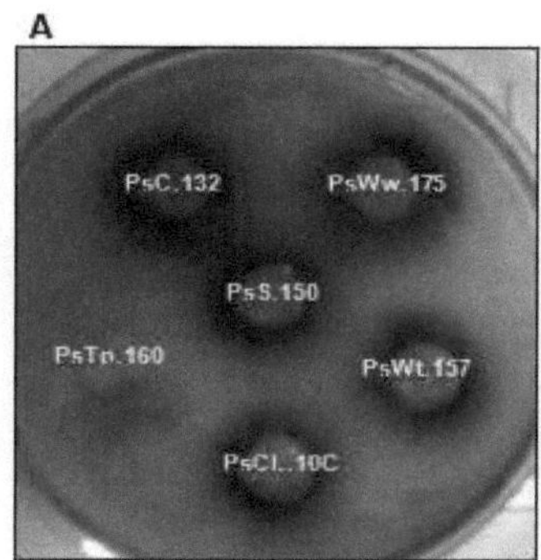

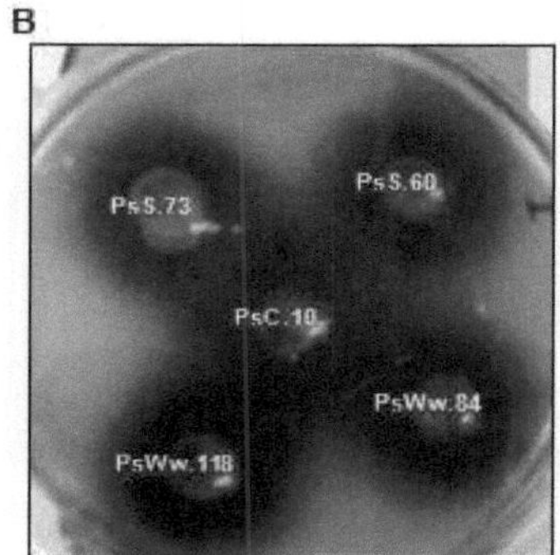

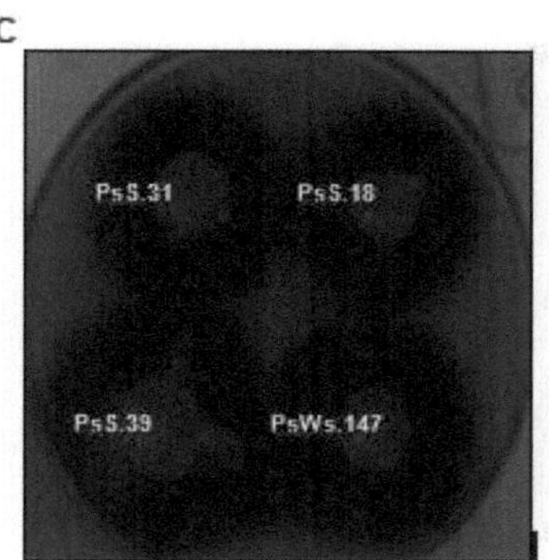

Figure 31: Détection de la production des molécules de N-*acyl* homosérine- lactones chez les souches de *Pseudomonas*.

A : Faible production (diamètre < 30mm), B : Production moyenne (30 mm<diamètre< 40mm) et C : Production importante (diamètre supérieur> 40mm).

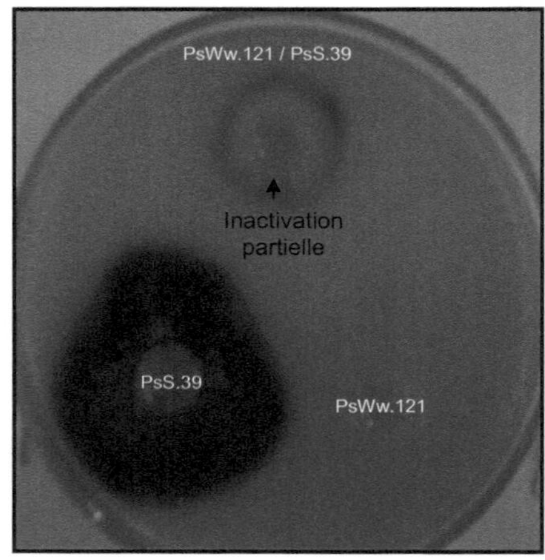

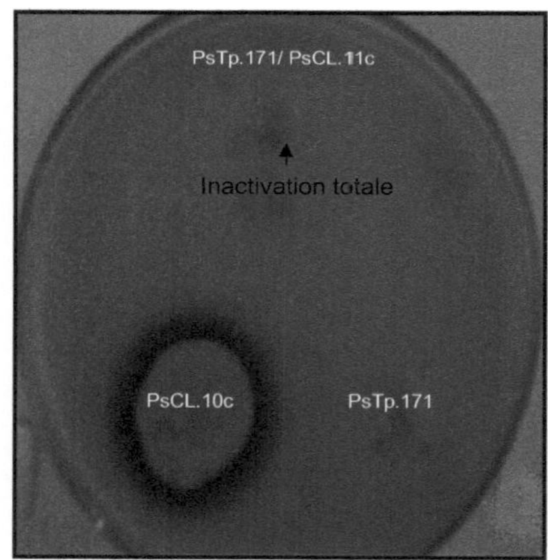

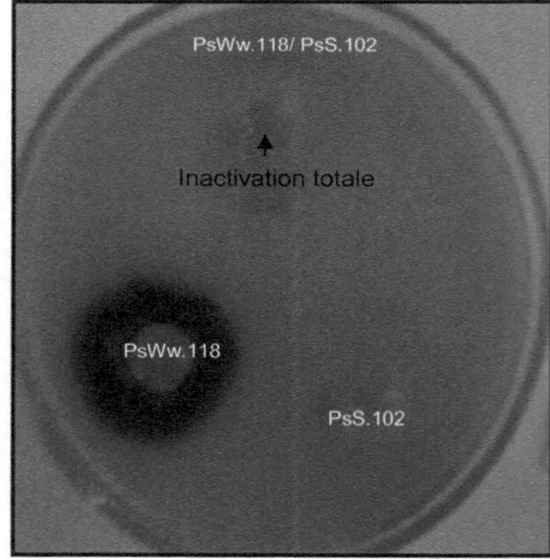

Figure 32: Détection des activités de dégradation des lactones chez les souches PsWw121, PsTp171 et PsS102.

3- Détection de la production des bactériocines

Les bactériocines sont des peptides et des protéines produites par plusieurs genres bactériens et possèdent un effet bactéricide sur les organismes phylogénétiquement proches et/ou nettement non apparentés. Cette production de substances antibiotiques est aussi bien observée chez les souches pathogènes et phytopathogènes de *Pseudomonas* que chez les souches saprophytes (Sood et al. 2007).

Pour détecter d'éventuelle activité antibactérienne au niveau du surnageant de culture des isolats de *Pseudomonas*, on a utilisé la méthode de diffusion des puits. L'antagonisme croisé des 66 souches de la collection a montré que 62 isolats présentent une activité bactéricide vis-à-vis d'au moins une souche indicatrice. Il est aussi important de noter que 62 souches (soit 94%) produisent des bactériocines et 27 isolats (soit 41%) sont capables d'inhiber une large gamme de souches (plus que 20 souches). En effet, les isolats PsWw84, PsS31, PsTp171 et PsS15 indiquent une activité assez forte du fait qu'elles pouvaient inhiber presque la moitié du nombre total des souches (Figure 33).

4- Détection de la production de phosphatase

La croissance des plantes est souvent affectée par une insuffisante disponibilité du phosphate au niveau des sols. Ceci est dû à la faible solubilité des phosphates, tel que le $Ca_3(PO_4)_2$. Par ailleurs, les *Pseudomonas* fluorescents sont aussi connus pour leur capacité à promouvoir la croissance des plantes (PGPR), en solubilisant le phosphate insoluble et le transformer en une forme soluble facilement accessible par les plantes (Katznelson et Bose, 1959).

Parmi les 66 souches de *Pseudomonas*, 56 isolats (soit 85%) produisent l'enzyme solubilisant le phosphate sur le milieu gélosé Pikovskaya's, en induisant des zones claires autour des colonies (Figure 34). En effet, six souches (PsCL10C, PsC5, PsCL.HMC1, PsWw168, PsC10 et PsTp171) sont caractérisées par une activité de dégradation importante du phosphate matérialisé par un halo bien transparent et assez large.

5- Détection et quantification de la production de l'Acide Indole Acétique (AIA)

La production de substances de croissance par les *Pseudomonas* fluorescents a été fréquemment mise en évidence (Brown, 1974). Ces substances peuvent être absorbées par les racines permettant la stimulation de la croissance des plantes. Ces bactéries sont alors identifiées comme étant des promoteurs de la croissance et du développement des plantes (PGPR).

Au moins 75% des isolats (soit 50 souches) sont rapportés producteur d'AIA, détectés par colorimétrie en utilisant le réactif de Salkowski. Les quantités d'AIA les plus élevées sont produites par les souches PsTp160 (9,03 mg/l), PsWw118 (8,2 mg/l) et PsS93 (7,4 mg/l). Le Tableau 12 illustre les différentes concentrations d'AIA excrétées par les souches de la collection.

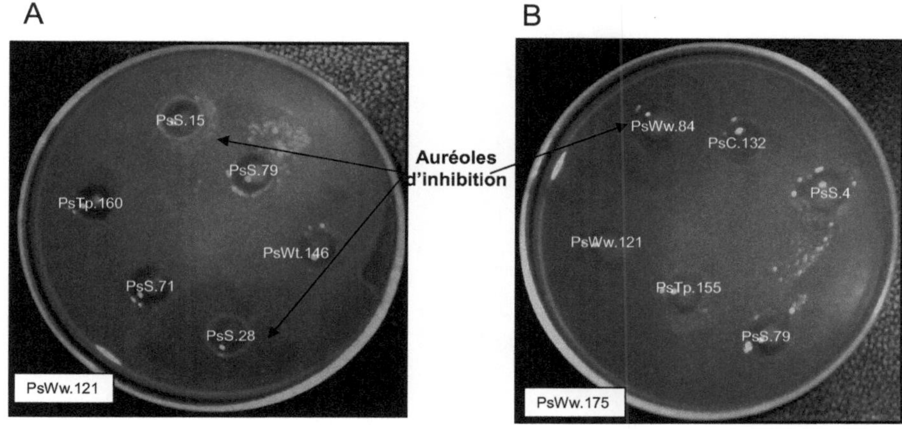

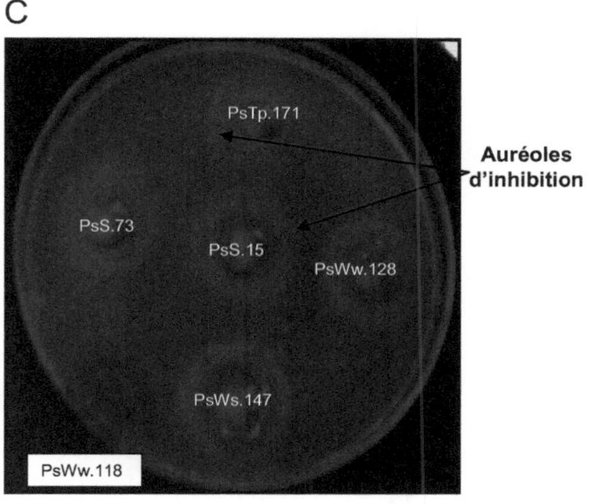

Figure 33: Antagonisme croisé des souches productrices de bactériocines vis-à-vis des souches indicatrices PsWw121 (A), PsWw175 (B) et PsWw118 (C).

154

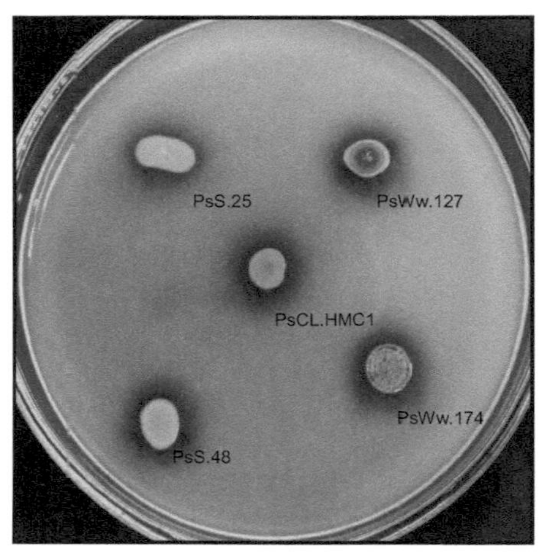

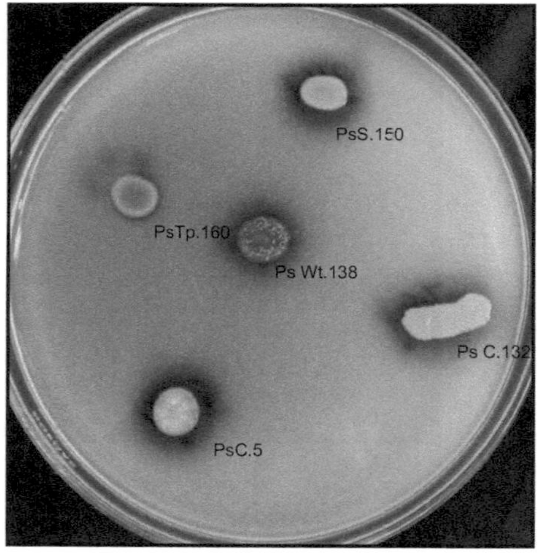

Figure 34 : Solubilisation du phosphate sur milieu gélosé Pikovskaya's

6- Détection et quantification de la production de pyoverdine

Les sidérophores tels les pyoverdines sont des molécules pièges chélateurs du fer. Privée du fer, la flore tellurique nuisible ralentit sa croissance, et sa densité dans la rhizosphère est diminuée. Cette particularité peut favoriser les *Pseudomonas* fluorescents (PGPR) dans le processus de la colonisation et la compétition pour le substrat mieux que d'autres microbes de la rhizosphère (Lemanceau, 1992).

La quantité de pyoverdine excrétée par les isolats au niveau du surnageant de culture varie entre 2,82 et 209,33 µM. Les quantités de pyoverdines les plus élevées sont produites par les souches PsWw174 (209,33 µM), PsCL10C (209,17 µM), PsS150 (183,33 µM) et PsTp172 (172,5 µM). Les souches PsS73 (2,82 µM) et PsS91 (4,12 µM) secrètent les quantités les plus faibles de pyoverdines. Les résultats de quantification de pyoverdines sont consignés dans le Tableau 12.

7- Mise en évidence de la formation du biofilm

Le biofilm est une population bactérienne adhérée à une surface et enrobée d'une matrice d'exopolysaccharides. Ce mode de vie est d'un grand intérêt pour la bactérie puisqu'il lui confère une résistance à différentes sources de stress auxquelles les bactéries planctoniques sont sensibles (Costerton et al, 1999). Les biofilms formés de souches de *Pseudomonas* peuvent coloniser plusieurs domaines, comprenant essentiellement les secteurs industriels, les zones environnementales et biomédicales.

7-1 Détection qualitative du biofilm sur milieu rouge Congo

La souche de référence de *P. aeruginosa* ATCC 27853 a été choisie comme étant un morphotype sauvage ''WT'' (Häubler et al. 2003) qui présente des colonies lisses et de forme irrégulière (Fig. 35A). Quatorze différents morphotypes de colonies ont été décelées au niveau des 66 souches de la collection. Chez sept souches, le morphotype ''RCSV'', précédemment décrit par plusieurs auteurs (Starkey et al., 2009) comme étant des colonies petites et rugueuses, a été détecté (Fig. 35C). La souche PsCL10C a été identifiée, en se référant aux publications précédentes (Häubler et al. 2003), comme étant le morphotype ''REV'' (Large, plate, métallique et de diamètre environ 10 mm) (Fig. 35B). Le morphotype ''ST'' (Kirisits et al. 2005) a été trouvé chez la souche PsTp172 qui présente de petites colonies, rugueuses, très collantes et ridées (Fig. 35F). La souche PsS2 montre des colonies de morphotype ''SM'' (Rainey et Travisano 1998), qui se présentent sous une forme lisse et régulière. Certaines souches de la collection exposent des morphotypes non mucoïdes (4 souches, Fig. 35 D et E), peu mucoïdes (4 souches, Fig. 36F), mucoïdes (29 souches, Fig. 35H) et très mucoïdes (13 souches, Fig. 36B et G). Cette mucosité est indicatrice d'une faible, moyenne ou d'une surproduction d'exopolysaccharides (alginate). Les souches PsS103 et PsTp169 présentent des morphotypes différents, décrites comme étant des colonies plates incolores ou roses claires, ce qui suggère que la formation du biofilm a été affectée (Rakhimova et al. 2008). La souche PsS4 montre un morphotype particulier de forme plate, à contour clair et centre orangé (Fig. 36G). Une forme de colonie plate et translucide, sur milieu rouge Congo, a été détectée chez les deux souches PsS46 et PsC132 (Fig. 36C).

7-2 Quantification du biofilm formé au niveau des microplaques en polystyrène

En général, il devrait exister une corrélation entre la forme de la colonie et sa capacité d'adhésion aux différentes surfaces. La souche sauvage de référence (*P. aeruginosa* ATCC 27853) présente une formation moyenne de biofilm sur plaques de microtitration de 0.814. En effet, la plus part des trente deux isolats présentent des colonies de nature mucoïde et montrent une absence d'adhérence. Les souches PsWw174 (morphotype "RCSV"), PsCL10C (morphotype "REV") et PsTp172 (morphotype "ST") produisent une quantité très importante de biofilm (respectivement 2,750, 2,693 et 2,102). Ces types de souches sont caractérisées par une hyper-adhérence, une autoaggrégation et hautement cohésives aux surfaces abiotiques. Kirisits et al. (2005) ont remarqué que la biomasse du biofilm formée par les "ST" colonies se colore cinq fois plus par le cristal violet que les "WT" colonies. Les colonies de morphotypes plates rugueuses (PsS150 : 1,510), plates translucides (PsC132 : 1,434) et plates non mucoïdes (PsS67 : 1,238) montrent une capacité d'adhésion relativement forte. Les souches saprophites PsTp171, PsWs147 et PsS46 présentent respectivement une DO_{550} moyenne de 0,639, 0,618 et

0,547. D'un autre coté, Rakhimova et al. (2008) explique que des souches ayant des colonies de morphotypes incolores ou roses claires présentent une altération de la formation du biofilm. Ce qui est le cas des souches PsS103 et PsTp169 qui montrent des densités optiques respectives de 0,069 et de 0,141.

En milieu liquide (LB), les isolats RSCV (Starkey et al., 2009), ST (Kirisits et al., 2005) forment une masse compacte dont les cellules demeurent difficiles à disperser par rapport à la souche de référence ATCC 27853 (type sauvage) qui présente une culture homogène (Fig. 37).

Les résultats obtenus des différentes analyses sont résumées au Tableau 14.

8- Discussion

Afin de déceler les différentes activités que possèdent les souches de *Pseudomonas* fluorescents, les 66 isolats de la collection ont été testés pour la production de sidérophore (pyoverdine), des enzymes et/ou phytohormones telles que la phosphatase et l'acide indole acétique. En outre, ces micro-organismes ont été criblés pour leur capacité d'inhibition à travers la production de bactériocines et/ou d'enzymes par *quorum-quenching*.

La description des molécules (*N*-Acyl-Homosérines lactones) impliquées dans la coordination de l'expression des gènes de virulence, dans la production de métabolites secondaires et dans l'organisation du biofilm, a incité à identifier, tout d'abord, les souches de la collection produisant ce type de molécules, responsables du dialogue entre les bactéries. Mis à part cinq isolats correspondant à l'espèce *P. putida*, presque la totalité des souches de *P. aeruginosa* et *P. fluorescens* produisent la lactone. Les isolats appartenant à ces deux espèces sont isolés d'un milieu attenant l'hôte animal (eaux usées, compost, milieu clinique) ou végétal (sol avoisinant les plantes). Sur la base de ces résultats, il a été spéculé que plus la relation bactérie-hôte (plante, animal ou être humain) est intime, plus la probabilité que cette dernière produise les AHLs. Les bactéries isolées des eaux usées, du compost, du milieu clinique et du sol avoisinant les plantes étaient en relation très étroite avec leur hôte (rejet des animaux et être humain). De ce fait, la production de la lactone dépend en même temps de l'espèce et de la provenance de la bactérie. Elasri et al. (2001) ont observé que les bactéries saprophytes ou phytopathogènes isolées au voisinage des plantes ont tendance à produire plus fréquemment les AHLs que celles isolées du sol brut.

En effet, les isolats tels que PsS15, PsTP156, PsTp172 et PsC54 (identifiés comme étant des *P. putida* et ne poussant pas à des températures supérieures à 30-32°C) ont révélé un large spectre d'activité antagoniste et produisent des enzymes et des hormones promoteurs de la croissance des plantes. Par ailleurs, les isolats de *Pseudomonas* fluorescents les plus efficaces sont surtout isolés à partir des plantes épuratrices des eaux usées (PsTp), par rapport aux souches provenant d'autres origines.

Dans cette étude, on a identifié des souches possédant des propriétés de bio-fertilisation par la production d'enzymes et d'hormones de croissance végétale. Ces bactéries favorisant la croissance des plantes ont également montré la production d'enzymes (lactonases) qui pourraient être explorées comme étant une nouvelle stratégie, très prometteuse, de l'antagonisme pour la lutte biologique contre les infections microbiennes (Dong et al., 2005). Molina et al. (2003) ont montré que le signal *quorum-sensing* de la souche *Erwinia carotovora* peut être perturbé par les lactonases de la souche *P. fluorescens*, ce qui a pu réduire significativement les symptômes de pourriture de la pomme de terre douce. Ainsi, les isolats PsTp171, PsTp172, PsTp157, PsS102 etc. dégradant la lactone, pourraient perturber et manipuler le signal du *quorum-sensing*, essentiellement chez les bactéries pathogènes agricoles, contribuant à une réduction de leur croissance saprophyte (Latour et al., 2003 ; Choo et al., 2006).

Le concept de contrôle biologique des maladies des plantes, en utilisant des souches bactériennes non pathogènes comme bio-pesticide potentiel, est considéré comme une alternative de la lutte chimique, puisque les pesticides chimiques provoquent une accumulation de composés toxiques pour les biotes du sol (Gupta et al., 2001 ; Costa et al., 2006). Ainsi, l'utilisation de microorganismes comme agent de lutte biologique s'avère une stratégie prometteuse pour assurer une protection phytosanitaire performante dans les écosystèmes agronomiques.

En effet, les souches PsTp171 et PsS102 produisent une lactonase à large spectre d'activité, du fait qu'elles peuvent inhiber essentiellement des souches pathogènes. La multi-résistance aux antibiotiques de certaines souches de *P. aeruginosa* et l'absence de perspectives de développement de nouveaux antibiotiques nécessitent d'explorer d'autres voies thérapeutiques. De ce fait, les lactonases de ces deux isolats pourraient être utilisées comme nouvelle démarche pour perturber ou inhiber le signal QS et ainsi réduire la virulence des *P. aeruginosa* (Dong et al., 2005 ; O'Loughlin et al., 2013).

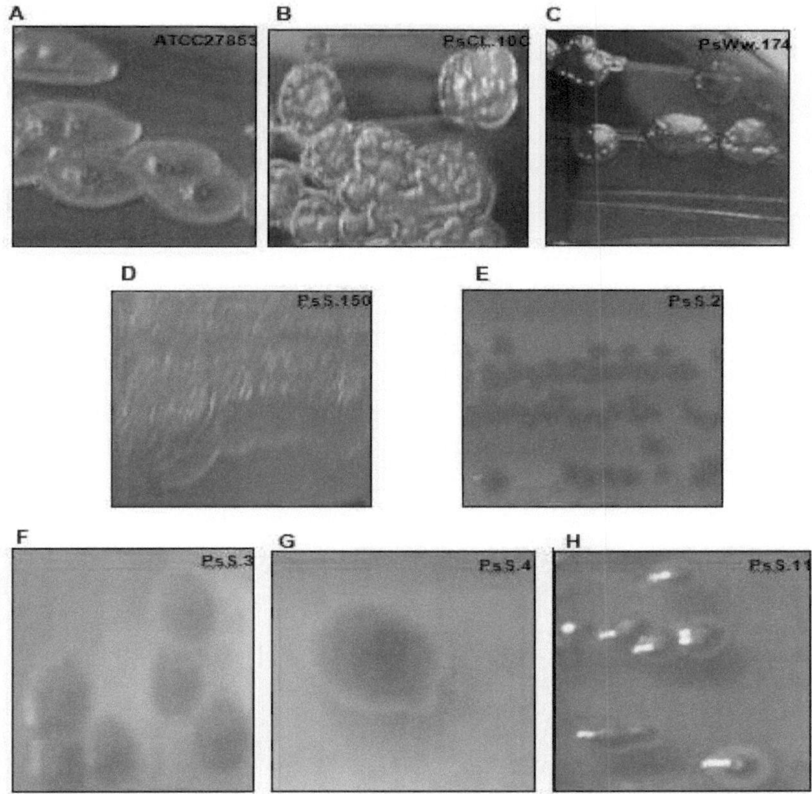

**Figure 35: Les différents morphotypes des isolats de
Pseudomonas sur milieu Rouge Congo :**

A, lisse irrégulière (WT) ; B, large, plate, métallique (REV) ; C, petite, rugueuse (RCSV) ; D, rugueuse, plate ; E, lisse, régulière (SM) ; F, peu mucoïde ; G, plate, contour clair et centre orangé et H, mucoïde.

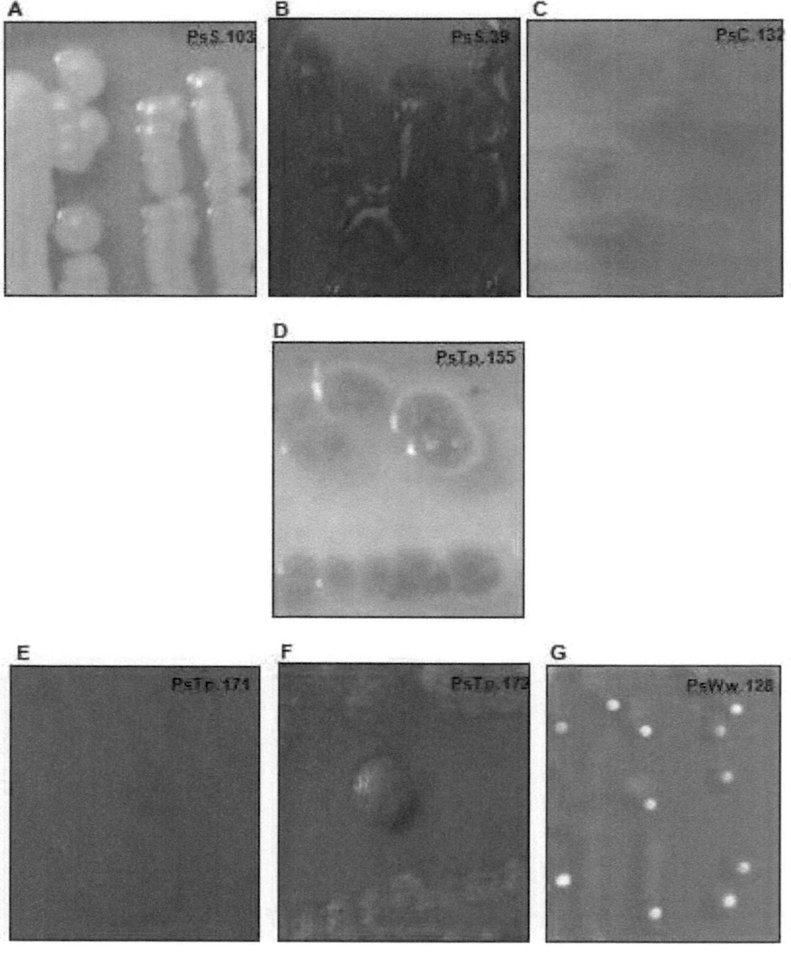

Figure 36: Les différents morphotypes des isolats de _Pseudomonas_ sur milieu rouge Congo :

A, plate et rose clair; B, très mucoïde et rouge congo accumulé au centre de la colonie ; C, plate et translucide ; D, non mucoïde, brillante et cellules lysées à l'intérieur ; E, plate et non mucoïde ; F, collante et rugueuse (ST) et G, très mucoïde.

Figure 37 : Caractérisation de la souche PsC.99 (RCSV) et la souche de référence ATCC27853 (WT) en milieu liquide (LB).

D'autre part, certains isolats peuvent non seulement contrôler les plantes (effet indirect) via la production de bactériocines et lactonases, mais aussi participent activement à la croissance du végétal (effet direct). Les analyses effectuées sur les 66 souches de *Pseudomonas* fluorescents ont décelé une production importante de pyoverdine par les souches PsCL10C, PsWw174, PsS150 et PsTp172 (>150 µM). Diverses études ont suggéré l'effet antagoniste des pyoverdines par chélation du fer provenant de l'environnement de l'agent pathogène cible (Meyer et al., 1987). Loper et Buyer (1991) montrent que les concentrations de pyoverdines produites dans la rhizosphère par les *Pseudomonas spp.* sont importantes pour influencer les interactions microbiennes. L'utilisation de mutants ayant perdu l'aptitude à synthétiser des sidérophores (Sid⁻) a permis de montrer que l'activité bénéfique de certaines souches de *Pseudomonas* fluorescents est bien due à la synthèse de pyoverdines (Bakker et al., 1987 ; Becker et Cook, 1988). Ainsi, ces auteurs ont établi que les mutants Sid⁻, bien qu'ils colonisent la racine avec la même efficacité que la souche sauvage, ne déterminent pas les effets bénéfiques enregistrés avec la souche sauvage. Cependant il faut se garder de généraliser l'effet bénéfique de ce métabolite. L'implication de la pyoverdine dans la virulence des animaux et des êtres humains est très bien étudiée chez les isolats pathogènes (*P. aeruginosa*) mais elle est peu révélée chez les souches saprophytes (essentiellement les *P. fluorescens*) adaptées à 37°C (Donnarumma et al., 2010). Ces sidérophores sont capables d'acquérir le fer de la transferrine et de la lactoferrine et de réguler la production des facteurs de virulence (exotoxine A et endoprotéase) (Takase et al., 2000).

Un autre facteur participant à la croissance des plantes, c'est la solubilisation des phosphates (Praveen et al., 2014). Mise à part, l'espèce *P. fluorescens*, tous les isolats de *P. aeruginosa* et *P. putida* secrètent l'enzyme dégradant le phosphate. De même, Villegas et Fortin (2002) ont sélectionné les souches de *P. putida* comme étant des agents efficaces solubilisant le phosphate dans le sol. Par conséquent, les isolats solubilisant les phosphates ayant une capacité de colonisation des racines sont très utiles pour la promotion de la croissance des cultures et l'augmentation des rendements agricoles.

Les souches de la collection ont été testées pour la production de phytohormone. Plus de 75% des isolats sont rapportés producteur d'AIA. Essentiellement, les souches saprophytes producteurs de cette hormone peuvent être utilisées comme agent de bio-fertilisation. Différents auteurs ont mis en relation l'aptitude de souches microbiennes à produire des substances de croissance et leur capacité à modifier la morphologie des plantes. Ils en concluent que la stimulation de croissance des plantes bactérisées est due à la synthèse microbienne de substances de croissance (Brown, 1974 ; Goswami et al., 2013).

Comme il a été décrit au début, le concept de développement, d'organisation et d'évolution bactérienne en communautés est du à l'existence d'auto-communication entre les cellules, via la production de NAHL, comme signal essentiel dans le développement communautaire et la formation de biofim (Parsek et Greenberg, 2005). L'aspect et l'organisation du biofilm sont indicateurs du mode de colonisation des bactéries (Filloux et Vallet 2003). Au niveau des 66 isolats, on a remarqué l'existence de plusieurs morphotypes (RCSV, REV, ST, SM, mucoïde, incolore, rugueuse, ect.). Les *Pseudomonas* pathogènes forment un biofilm plus épais et plus confluents au niveau des tissus de leurs hôtes, contrairement aux *Pseudomonas* bénéfiques. Sur le plan clinique, l'apparition de colonies mucoïde de *P. aeruginosa* est corrélée avec une colonisation chronique. D'autre part, les souches de cette espèce, caractérisées par une hyper-adhérence (les morphotype RCSV, REV et ST) sont soumises à un traitement antibiotique prolongé (Starkey et al., 2009). La diversité des morphotypes et la différence de la capacité d'adhérence peut être due à des mutations adaptatives et de sélections, comme cela a été décrit par plusieurs auteurs. Rainey et Travisano (1998) ont décrit l'aspect du biofilm des *P. fluorescens* soumises à des radiations successives, générant ainsi un large répertoire de mutants. Dans le même contexte, des travaux effectués par notre équipe (Neila et al., 2011) ont montré que la souche de référence *P. aeruginosa* ATCC15442 recevant des doses croissantes d'UV-C (allant de 0 à 150 m. J. cm^{-1}) produit un biofilm de plus en plus épais et adhérant (DO$_{595}$ allant de 1,33 à 5,26).

Sur le plan agricole, les *Pseudomonas* présentant des colonies mucoïdes (tels que PsS102, PsS15, PsTp156, PsC54 etc.) ou très mucoïdes (tels que PsWw128, PsS39 etc.), pourraient avoir la capacité d'induire une résistance systématique chez les plantes, ce qui a pour effet d'engendrer une protection contre un grand nombre d'agents pathogènes fongiques et bactériens. Le facteur déterminant de l'induction de cette résistance est la sécrétion de lipopolysaccharides (Van Loon et al., 1998). Van Loon et al. (1998) ont remarqué que les LPS des *P. fluorescens* sont capables d'induire des réactions de défense permettant de protéger les plantes d'œillet du flétrissement fusarien.

Sur le plan environnemental, l'une des principales applications qui repose sur la capacité des cultures microbiennes à former des biofilms, est le traitement des eaux usées. La configuration des réacteurs à biofilm est appliquée aussi bien au niveau des stations pilotes qu'à grande échelle de traitement des eaux usées, comprenant les filtres bactériens, les disques biologiques (chapitre IV), les réacteurs à film biologique à lit fluidisé etc. (Van Loosdrecht et al., 2002 ; Pereira et al., 2003). Par conséquent, les réacteurs à cellules immobilisées ou biofilm peuvent fournir une performance d'exploitation plus stable et ainsi une facilité de production des différents composés d'antagonisme (Pereira, 2001).

9- Conclusion

Les résultats obtenus dans ce chapitre de thèse ont montré des propriétés multifonctionnelles de certains isolats tels que PsS15, PsTp156 et PsTp172 (appartenant à l'espèce *P. putida*), et une applicabilité potentielle dans la protection et la promotion de la rhizosphère ou dans le traitement des eaux usées. Ces micro-organismes bénéfiques et quelques autres tels que PsTp171 et PsS102 peuvent être utilisés comme agents de biorémédiation en les inoculant dans des bioréacteurs ou en les introduisant dans les eaux usées afin de supprimer les pathogènes et de réduire leur invasion opportuniste (Antony et Philip, 2006 ; Kumar et al., 2015). La co-inoculation d'espèces différentes peut permettre également une diversification des mécanismes responsables d'effets bénéfiques. Ainsi Pierson et Weller (1994) ont montré que l'inoculation de 2 souches de *Pseudomonas spp.* fluorescents permet de protéger le blé contre le piétin (maladies des céréales) significativement mieux que l'inoculation d'une seule souche bactérienne. Sur le plan médical, les lactonases des deux souches PsTp171 et PsS102 peuvent remplacer l'utilisation d'antibiotiques en inhibant le signal (QS), responsable de la production des facteurs de virulence.

Des souches de *Pseudomonas* provenant de partout à travers le monde ont démontré leur capacité à produire différents composés et à inhiber de nombreux pathogènes. Certaines ont même réussi à parcourir la route menant à la commercialisation. Parmi celles-ci, on peut citer en exemple des produits à base d'une formulation de *P. chlororaphis* (Cedomon[R]), utilisé pour protéger les semences de blé et d'autres céréales contre une large gamme d'agents pathogènes du sol (Srinivasan et al., 2009).

L'utilisation des souches de *Pseudomonas* s'avère alors très prometteuse puisqu'elles possèdent plusieurs caractéristiques intrinsèques. Ces souches sont capables de coloniser activement différentes niches biologiques, de produire une large gamme de composés et elles s'avèrent très faciles à isoler et à cultiver au laboratoire (Chin-A-Woeng et al. 2001). Cependant il ne faut pas négliger l'implication de certaines espèces de *P. fluorescens*, capable de pousser à 37°C et pouvant se comporter c omme agent opportuniste, dans la pathogénicité humaine (libération d'endotoxines). Par conséquent, l'inoculation de cette espèce au niveau des plantes à consommation cru (carottes, choux, etc.) peut avoir de graves incidences chez les patients présentant un statut immunitaire affaibli (Chapalain et al., 2008).

Tableau 12: Les différentes activités des isolats de *Pseudomonas* fluorescents

Souches	Production de Bactériocines	Production de phosphatases	Production de lactones	Inhibition des lactones	Production d' auxines (mg/l)	Production de Siderophores (µM)	Biofilm adhésion (OD $_{550}$)	Morphotypes[a]
PsCL10C	+(5)	+++	+		3,34	209,17	2,693	Large, plate, métallique: REV
PsTp179	+(12)	++	++		0,50	84,50	1,549	Petite,rugueuse:RCSV
PsWw175	+(7)	+	+		0,47	141,50	1,826	Petite,rugueuse:RCSV
PsWt138	+(25)	++	+++		0,31	101,50	0,902	Petite,rugueuse:RCSV
PsWt157	+(11)	+	+		-	51,00	0,804	peu mucoïde
PsC5	+(24)	+++	++		-	20,33	0,714	peu mucoïde
PsS3	+(27)	+	++		0,23	67,80	0,881	peu mucoïde
PsC99	+(28)	++	+++		1,79	90,33	1,223	Petite,rugueuse:RCSV
PsTp160	-	+/-	-	-	9,03	63,17	0,079	Très mucoïde
PsS2	+(10)	++	++		0,27	35,33	0,266	Lisse, régulière: SM
PsS150	+(9)	++	+		0,52	183,33	1,510	Rugueuse, plate
PsCLHMC1	+(25)	+++	++		1,18	39,50	1,085	Petite,rugueuse:RCSV
PsC12	+(19)	++	++		-	139,83	1,578	mucoïde
PsWw174	+(29)	++	+++		0,86	209,33	2,750	Petite,rugueuse:RCSV
PsWw127	+(23)	++	++		1,41	85,47	0,845	peu mucoïde

Souches	Production de Bactériocines	Production de phosphatases	Production de lactones	Inhibition des lactones	Production d' auxines (mg/l)	Production Siderophoreq (µM)	Biofilm adhésion (OD $_{250}$)	Colony Morphotypes[*]
PsC132	+(2)	+	+		0,43	114,37	1,434	Plate, translucide
PsWw84	+(32)	+	++		3,16	67,28	0,742	mucoïde
PsWw168	+(13)	+++	++		0,43	95,17	0,846	Petite,rugueuse:RCSV
PsS4	+(11)	+	-	+(3)	0,11	14,90	0,135	Plate, contour clair et centre orangé
PsO15	+(20)	++	-	+(25)	1,50	32,83	0,021	mucoïde
PsS46	+(13)	+	-	+(20)	2,52	98,18	0,547	Plate, translucide
PsWw124	+(15)	+	-	+(18)	1,25	18,17	0,007	mucoïde
PsTp156	+(20)	+	-	+(28)	0,35	13,87	0,040	mucoïde
PsWs158	+(13)	++	-	+(11)	-	14,55	0,001	mucoïde
PsTp169	+(20)	+	-	+(23)	-	106,17	0,141	Plate, rose clair
PsTp172	+(25)	+	-	+(30)	0,27	172,5	2,102	collante,rugueuse:ST
PsS28	+(35)	++	-	+(18)	-	85,33	0,176	mucoïde
PsC54	+(17)	+	-	+(26)	1,45	49,62	0,103	mucoïde
PsS103	+(15)	+	-	+(23)	1,02	80,80	0,069	Plate, rose clair
PsS48	+(10)	++	-	+(20)	0,78	31,50	0,032	mucoïde
PsS79	+(8)	+	-	+(9)	-	31,50	0,042	mucoïde
PsS71	-	++	-	-	1,41	85,38	0,095	mucoïde
PsS11	+(13)	+	-	+(24)	0,82	65,90	0,426	mucoïde
PsTp139	+(12)	++	-	+(4)	1,11	52,50	0,007	mucoïde
PsWs140	+(18)	++	-	+(4)	1,37	59,80	0,483	mucoïde
PsTp153	+(10)	+	-	+(3)	1,21	12,10	0,003	mucoïde

Souches	Production de Bactériocines	Production de phosphatases	Production de lactones	Inhibition des lactones	Production d'auxines (mg/l)	Production Siderophores (µM)	Biofilm adhésion (OD $_{550}$)	Morphtypes[*]
PsTp155	+(8)	++	-	+(1)	0,91	17,22	0,405	Non mucoïde, brillante, cellules lysées à l'intérieur
PsTp154	+(14)	+	-	+(6)	0,98	11,55	0,050	mucoïde
PsWs173	+(27)	++	-	+(23)	-	10,50	0,135	mucoïde
PsC10	+(20)	+++	++		0,62	21,33	0,156	mucoïde
PsS75	+(21)	+	-	+(23)	-	17,67	0,008	mucoïde
PsWs147	+(23)	+	+++		-	119,17	0,618	Plate, non mucoïde
PsTp171	+(30)	+++	-	+(34)	-	82,53	0,639	Plate, non mucoïde
PsWt146	-	+	-	+(4)	-	42,83	0,027	mucoïde
PsS83	+(19)	++	-	+(13)	-	39,38	0,097	mucoïde
PsWw9	+(15)	+	-	+(9)	3,68	38,67	0,292	mucoïde
PsWw118	-	+	++		8,20	45,95	0,035	mucoïde
PsWw121	+(3)	+	-	+(13)	2,67	37,93	0,078	mucoïde
PsTp142	+(11)	+	-	+(8)	11,0	33,33	0,114	mucoïde
PsS31	+(31)	++	+++		0,15	21,33	0,017	mucoïde
PsS102	+(16)	++	-	+(34)	-	34,67	0,081	mucoïde
PsS67	+(29)	+	+++		-	85,67	1,238	Plate, non mucoïde
PsS18	+(26)	+	+++		-	35,67	0,001	mucoïde
PsWw128	+(16)	++	-	+(3)	0,82	24,55	0,053	Très mucoïde
PsS89	+(5)	++	-	+(11)	4,83	77,67	0,139	mucoïde
PsS60	+(12)	-	++		1,53	5,17	0,031	Très mucoïde, rouge congo accumulé au centre
PsS29	+(23)	-	++		1,30	26,28	0,010	Très mucoïde, rouge congo accumulé au centre

Souches	Production de Bactériocines	Production de phosphatases	Production de lactones	Inhibition des lactones	Production d' auxines (mg/l)	Production Siderophores (µM)	Biofilm adhésion (OD$_{550}$)	Morphotypes[a]
PsS39	+(28)	-	+++		1,18	9,93	0,063	Très mucoïde, rouge congo accumulé au centre
PsS25	+(23)	+/-	++		0,03	7,37	0,000	Très mucoïde, rouge congo accumulé au centre
PsS49	+(18)	-	++		4,49	9,07	0,003	Très mucoïde, rouge congo accumulé au centre
PsS93	+(25)	-	++		7,4	9,85	0,007	Très mucoïde, rouge congo accumulé au centre
PsS90	+(14)	-	++		4,53	7,15	0,004	Très mucoïde, rouge congo accumulé au centre
PsS91	+(13)	-	++		3,94	4,12	-0,004	Très mucoïde, rouge congo accumulé au centre
PsS23	+(22)	-	++		2,32	5,32	0,020	Très mucoïde, rouge congo accumulé au centre
PsS26	+(17)	-	++		2,24	13,62	0,089	Très mucoïde, rouge congo accumulé au centre
PsS73	+(22)	-	++		2,83	2,82	-0,005	Très mucoïde, rouge congo accumulé au centre

( ) Nombre totale de souches inhibées

[a] Les différents morphotypes des colonies après incubation 48 h à 30°C en milieu gélosé rouge Congo (voir Fig. 36 et 37)

REV: Revertant colony, RCSV: Rough Small Colony Variant, ST: Sticky colony, SM: Smooth, small colony et WT: Wild-Type.

Chapitre III

Effets des métaux lourds sur la production de pyoverdine

1- Introduction

Au cours de l'évolution, les microorganismes ont appris à faire face à des ions métalliques dans leur environnement. Certains d'entre eux ont la capacité de produire des sidérophores pouvant séquestrer, outre le fer, d'autres métaux essentiels (Zn, Mn, K, Mg, etc.) qui servent de micronutriments, utilisés pour les processus d'oxydo-réduction et la régulation de la pression osmotique (Visca et al., 1992; Bruins et al., 2000; Parker et al., 2004; Shinozaki-Tajiri et al., 2004). Par ailleurs, les microorganismes peuvent se protéger en absorbant ou en fixant les métaux toxiques (Aluminium, Plomb, Cadmium, etc.) (Mureseanu et al., 2003; Del Olmo et al., 2003). Bien que les métaux essentiels possèdent d'importants rôles biologiques, à des niveaux élevés, ils peuvent endommager les membranes cellulaires, modifier la spécificité d'enzymes, perturber les fonctions cellulaires, endommager la structure de l'ADN (Bruins et al., 2000; Canovas et al., 2003; Teitzel et al., 2006) et peuvent aussi réduire les rendements des cultures et la fertilité des sols (Lu et al., 2009; Stuczynski et al., 2003).

Dans ce chapitre, on a sélectionné quatre *Pseudomonas* fluorescents (PsS29, PsC132, PsWs140 et PsTp171) de pyoverdines différentes (différent pattern IEF). Par ailleurs, on a examiné si les sidérophores des *Pseudomonas spp.* possèdent une activité de séquestration, autres que le fer, envers les deux métaux de transition (Zn et Mn). On a également déterminé l'effet de l'addition de métal sur la croissance des souches et sur la biosynthèse de pyoverdines dans deux milieux carencés en fer : Casamino-Acide et Succinate. Enfin, l'effet dose-réponse de Fe (III), Zn (II) et Mn (II) a été ensuite testé sur la croissance des souches et sur la production de sidérophores.

2- Résultats et discussion

2-1- Mesure de la croissance et de la synthèse de pigments

Les souches sélectionnées PsS29, PsTp171, PsWs140 et PsC132 présentent des pyoverdines différentes et cross-incorporent respectivement les pyoverdines (PVD) homologues des souches PL9, LBSA1, G168 et PAO1.

De nombreuses recherches ont montré que la synthèse des pyoverdines par les *Pseudomonas* fluorescents est affectée par différents facteurs environnementaux, notamment la nature chimique du carbone organique, de la source d'énergie, du degré d'aération du milieu de croissance, du pH, de la lumière et des éléments de traces présentes dans le milieu (Gouda et al., 1965; Meyer et al., 1978).

Comme l'illustre la Figure 38 (A et B), l'analyse spectrophotométrique du surnageant non dilué a montré un spectre d'absorption entre 350 et 450 nm, avec un pic à environ 400 nm, caractéristique de la pyoverdine. L'absorbance maximale obtenue pour la souche PsS29 est à 400 nm alors que pour les autres souches elle est à environ 405 nm, ce qui indique la diversité des composés produits par ces souches. Ceci est dû à la nature et au nombre de résidus aminoacyles présents au niveau de la partie peptidique (Carrillo-Castaneda et al. 2005).

La détermination de la production de sidérophores a permis la séparation de ces souches en trois types: PsC132 produit la plus forte concentration en sidérophores, suivie des souches PsTp171 et PsWs140. La production la plus faible en sidérophores est obtenue avec l'isolat PsS29 (Figure 38 A). Les cellules cultivées sur le milieu CAA ont présenté une teneur en sidérophores de près de 2,5 fois plus élevée par rapport à celle développée en milieu SM. Aucune production de PVD n'a été détectable pour la souche PsS29 dans le milieu SM (Figure 38 B). Bien que les différents milieux de culture ont généralement des niveaux variés de contamination en fer, de carbone et de source d'énergie, Sharma et al. (2003) ont suggéré que les milieux synthétiques sont les plus efficaces pour détecter la production de sidérophores par rapport aux milieux complexes. Par ailleurs, Carrillo-Castaneda et al. (2005) ont démontré que la concentration en fer dans le milieu de croissance est un facteur nutritionnel important qui détermine la biosynthèse de sidérophores. Par conséquent, le milieu CAA est d'une pureté nettement supérieure (contamination inférieure en fer) comparée à celle du milieu synthétique SM. Afin d'étudier l'effet des milieux (CAA et SM) et des métaux lourds (Zn^{2+} et Mn^{2+}) sur la croissance et la production de pyoverdines, les taux de pyoverdine ont été surveillés pendant tout le cycle de croissance des quatre souches de *Pseudomonas* fluorescents étudiées. La libération de sidérophores commence à partir de 5h d'incubation et augmente jusqu'à 48h puis décroît par la suite (Tableau 13).

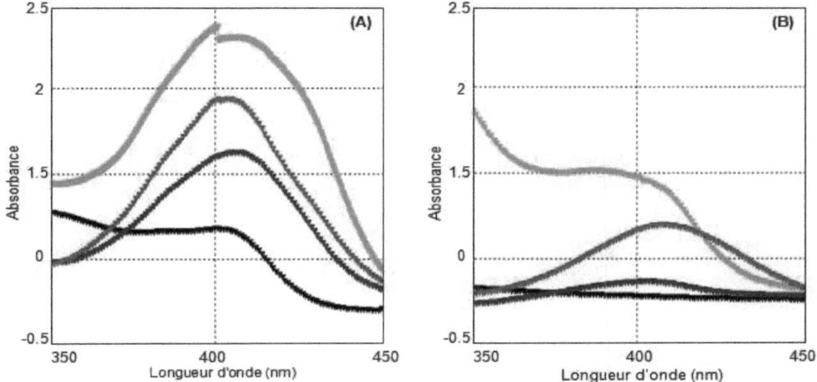

Figure 38: Spectre d'absorption (350-450 nm) des surnageants non dilués des souches: PsS29 (noir), PsC132 (vert), PsWs140 (bleu) et PsTp171 (rouge) cultivées 48h à 28℃ en milieu d e culture carencé en fer: Casamino-Acide (A) et Succinate (B).

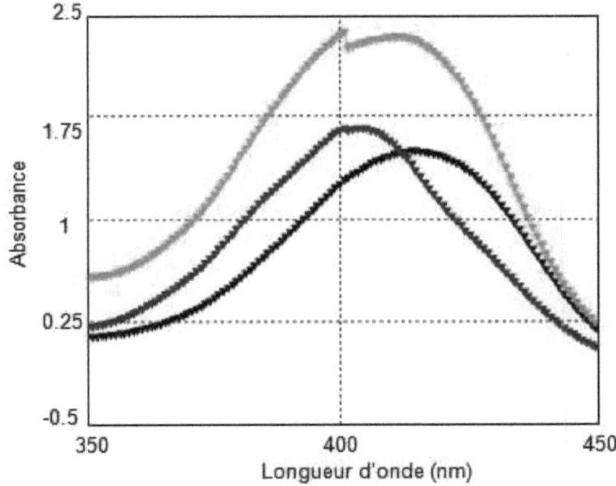

Figure 39: Spectre d'absorption (350-450 nm) des surnageants non dilués de la souche PsTp171 cultivée dans les milieux suivants: CAA (bleu), CAA+Zn (noir) and CAA+Mn (vert).

Les sidérophores sont produits en parallèle à la croissance. Les souches sélectionnées secrètent une quantité maximale de pyoverdine pendant la phase stationnaire (36-48h) de la croissance bactérienne. L'étude de l'influence des métaux lourds a montré que la présence de manganèse dans le milieu extracellulaire (CAA et SM) favorise la croissance et augmente la production de pyoverdine d'une manière significative (Sharma et al., 2003 ; Braud et al., 2009). Il s'est avéré que la souche PsC132 libère une quantité maximale de sidérophores en milieu CAA enrichi en Mn (environ 137 µM).

Après 48h d'incubation, la présence de 60 µM de Mn^{2+} a augmenté la production de pyoverdine de la souche PsTp171 par près de 142% (Figure 39). Le rôle du manganèse dans cette expérience n'est pas très clair, mais on propose que les souches incapables de chélater l'ion métallique Mn^{2+} continuent à libérer de plus en plus de pyoverdines en essayant de repérer des traces de fer dans le milieu. Toutefois, le Zn a montré une libération maximale de sidérophores (environ 46 µM dans le cas de PsC132), valeur légèrement inférieure à celle observée pour le contrôle (milieu minimal sans ajout de métal), et a affiché en conséquence un effet inhibiteur sur la croissance (Tableau 13). Ce résultat concorde avec le travail de Sayyed et al. (2005) qui a reporté une baisse de la quantité de sidérophores dans le surnageant du milieu SM supplémenté de Zn^{2+}. Ils ont rapporté que l'ion métallique peut substituer le Fe^{2+} dans le contrôle intracellulaire de la sidérophoregénèse. D'autre part, Braud et al. (2010) indique que, outre la pyochéline, la pyoverdine est capable de séquestrer les métaux à partir du milieu extracellulaire des bactéries. Dans leur étude, ils indiquent que la pyoverdine pouvait séquestrer du milieu extracellulaire les métaux lourds suivants: Al^{3+}, Co^{2+}, Cu^{2+}, Eu^{3+}, Ni^{2+}, Pb^{2+}, Tb^{2+} et Zn^{2+}. Baysse et al. (2000), dans une étude antérieure, ont remarqué une répression de la production de pyoverdine en présence de vanadium et ils ont expliqué que la séquestration de plusieurs métaux par les sidérophores est possible.

2-2- Effets dose-réponse des métaux lourds

Les effets dose-réponse des métaux lourds sur la croissance bactérienne et la biosynthèse de pyoverdine des souches PsC132 (la plus haute production) ainsi que PsS29 (la plus faible production) ont été étudiés en utilisant le milieu de culture CAA comme le montre la Figure 40.

Notamment, l'ajout de 10 µM (dans le cas de PsS29) et 20 µM (dans le cas de PsC132) de fer au milieu CAA éteint complètement la fluorescence (Fig. 40 ''Fe III''). Une concentration allant de 20 µM à 90 µM stimule de façon significative la croissance. Au-delà de 90 µM, la croissance est réprimée. Djibaoui et al. (2005) ont observé un arrêt de la production de sidérophores avec un niveau seuil de fer de 200 µg/L de fer. Plusieurs auteurs ont démontré que la production de pyoverdine est inversement proportionnelle à la concentration de fer, tandis que la croissance bactérienne est proportionnelle à la concentration en fer (Meyer et al., 1978 ; Visca et al., 1992 ; Diaz de Villegas et al., 2002 ; Manwar et al., 2004). Ceci reflète l'exigence des bactéries en fer pour subvenir aux diverses processus cellulaires (Sayyed et al. 2005). Par conséquent, on a démontré qu'à une concentration de fer inférieure à 10 µM, les souches de *P. aeruginosa* (PsC132) et *P. fluorescens* (PsS29) produisent des sidérophores (Diaz de Villegas et al. 2002).

Comme l'illustre la Figure 40 (Zn II), les deux souches PsS29 et PsC132 présentent une diminution de la croissance et de la production de sidérophores avec l'augmentation de la concentration de zinc. On a remarqué que, respectivement, les concentrations en zinc de 250 µM (PsS29) et 450 µM (PsC132) ont comme effet l'arrêt de la croissance et de la biosynthèse de la pyoverdine.

Cependant, le Mn (II) ajouté à une concentration comprise entre 50 µM et 80 µM améliore la production de sidérophores et aussi la croissance bactérienne. Par conséquent, ces deux souches s'avèrent très tolérantes au Mn, leur croissance et leur sécrétion de PVD ne sont affectées que par des concentrations élevées de Mn (> 475 µM). Poirier et al. (2009) ont confirmé que l'ajout de métaux dans les milieux de croissance implique des modifications dans la croissance de *Pseudomonas*.

3- Conclusion

Par conséquent, les résultats de cette étude ont révélé qu'en utilisant la spectrophotométrie, il est possible de classer les souches selon leurs niveaux de production de sidérophores.

Les deux Pseudomonas fluorescents, *P. aeruginosa* (PsC132) et *P. mosselii* (PsTp171) produisent des quantités élevées de pyoverdine en particulier dans le milieu de culture le plus pur (CAA) et dans les milieux supplémentés avec le Mn^{2+}.

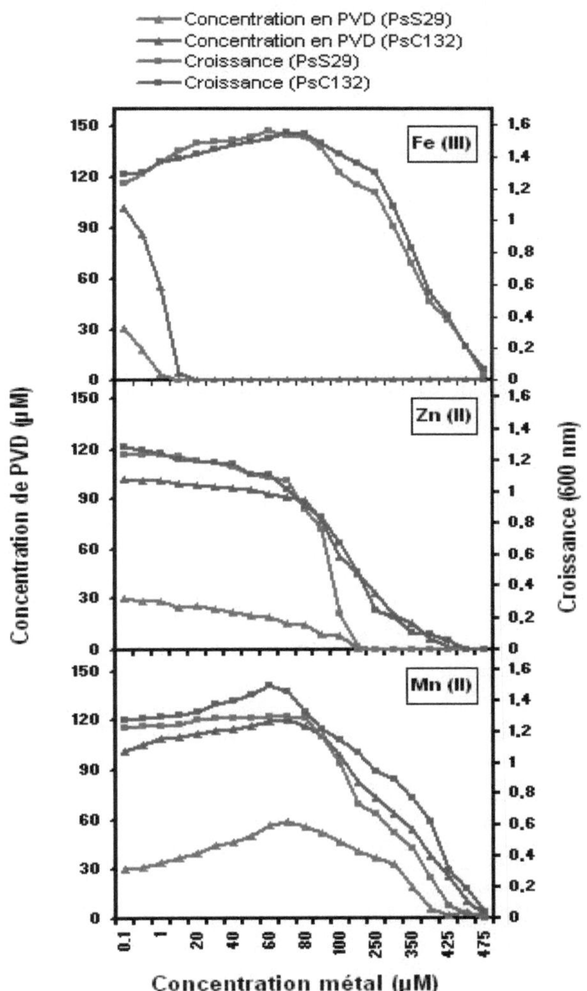

Figure 40: Effet dose-réponse des différents métaux lourds (Fe, Zn et Mn) sur la croissance et la production de pyoverdines des souches *P. fluorescens* (PsS29) et *P. aeruginosa* (PsC132) cultivées sur milieu Casamino-Acide.

Par ailleurs, à une concentration en fer supérieure à 20 µM, la biosynthèse de sidérophores est complètement éteinte. Dans un milieu de culture supplémenté de zinc, la quantité de pyoverdine produite est inférieure à celle excrétée dans le milieu de contrôle (sans ajout de métal). Ce résultat peut indiquer que les pyoverdines de ces souches pourraient être capables de complexer le zinc à la place du fer.

Ces souches (essentiellement la souche saprophyte PsTp171) auraient alors la capacité de chélater un des éléments essentiel et de le rendre inaccessible par d'autres bactéries (phénomène de compétition). De plus, cette propriété pourrait être utilisée dans le cas d'une décontamination d'une zone contaminée par un excès de zinc.

La bioremédiation en utilisant la bioaccumulation et la chélation des métaux lourds contaminant les déchets industriels a été démontrée par plusieurs biotechnologistes (Lovley et Coates, 1997). Ces moyens constituent des procédés alternatifs et/ou additifs aux méthodes classiques (physiques et chimiques). Plusieurs auteurs ont remarqué que diverses espèces de *Pseudomonas* ont la capacité de tolérer et séquestrer différents métaux lourds au niveau des effluents des eaux usées (Hassen et al., 1998 ; Hussein et al., 2005).

Tableau 13: Effets de deux éléments traces (Zn and Mn) sur la croissance et la production de PVD (µM) de quatre isolats de *Pseudomonas* fluorescents: PsS29, PsC132, PsWs140 et PsTp171, en milieux CAA et SM, et à différent intervalles de temps (ε= 20,000)

Souches	Temps(h)	Milieu CAA	CAA+Zn2+	CAA+Mn2+	SM	SM+Zn2+	SM+Mn2+
PsS29: *P. fluorescens*	5	00,00 ± 0,00 Aα (0,16)	00,00 ± 0,00 Aα (0,13)	0,13 ± 0,12 Aα (0,22)	00,00 ± 0,00 Aα (0,04)	00,00 ± 0,00 Aα (0,00)	00,00 ± 0,00 Aα (0,03)
	10	12,33 ± 1,25 Cβ (0,44)	3,00 ± 1,04 Bβ (0,28)	13,76 ± 0,96 Dβ (0,52)	00,00 ± 0,00 Aα (0,21)	00,00 ± 0,00 Aα (0,24)	00,00 ± 0,00 Aα (0,27)
	24	19,71± 0,25 Cγ (0,80)	9,20 ± 1,29 Bγ (0,66)	35,01 ± 1,89 Dγ (0,86)	00,00 ± 0,00 Aα (0,64)	00,00 ± 0,00 Aα (0,45)	00,00 ± 0,00 Aα (0,70)
	36	22,90 ± 1,21Cε (1,24)	13,71 ± 0,62 Bε (0,91)	47,85 ± 1,47 Dε (1,13)	00,00 ± 0,00 Aα (0,91)	00,00 ± 0,00 Aα (0,76)	00,00 ± 0,00 Aα (0,90)
	48	26,28 ± 0,88 Cδ (1,25)	17,60 ± 1,60 Bδ (1,07)	63,21 ± 0,80 Dδ (1,26)	00,00 ± 0,00 Aα (1,11)	00,00 ± 0,00 Aα (1,02)	00,00 ± 0,00 Aα (1,24)
PsC132: *P. aeruginosa*	5	3,21 ± 1,42 Bα (0,13)	2,83 ± 0,49 Bα (0,10)	5,75 ± 0,80 Cα (0,19)	0,38 ± 0,66 Aα (0,06)	0,00 ± 0,00 Aα (0,00)	0,40 ± 0,69 Aα (0,04)
	10	18,68 ± 2,78 Dβ (0,36)	9,81 ± 0,42 BCβ (0,27)	24,95 ± 3,43 Eβ (0,56)	4,83 ± 1,15 Aα (0,25)	6,96 ± 2,33 ABβ (0,23)	11,85 ± 1,83 Cβ (0,31)
	24	51,35 ± 6,04 Cγ (0,86)	34,41 ± 3,30 Bγ (0,51)	69,53 ± 0,64 Dγ (0,99)	20,11 ± 3,49 Aβ (0,66)	19,61 ± 2,56 Aγ (0,47)	26,05 ± 3,35 Aγ (0,74)
	36	89,86 ± 8,41Cε (1,15)	77,23 ± 2,40 Bε (0,80)	102,20 ± 2,94 Dε (1,14)	33,46 ± 6,73 Aγ (0,89)	33,46 ± 2,69 Aε (0,76)	43,51 ± 4,50 Aε (0,92)
	48	114,36 ± 1,11 Eδ (1,29)	100,75 ± 2,10 Dδ (1,05)	136,98 ± 2,73 Fδ (1,51)	50,63 ± 0,73 Bε (1,13)	46,05 ± 1,67 Aδ (0,97)	60,65 ± 1,43 Cδ (1,28)
PsWs140: *P. putida*	5	2,68 ± 0,95 Bα (0,28)	2,08 ± 0,24 Bα (0,22)	5,01 ± 0,73 Cα (0,34)	0,00 ± 0,00 Aα (0,06)	00,00 ± 0,00 Aα (0,01)	2,18 ± 1,57 Bα (0,29)
	10	13,98 ± 2,74 Cβ (0,74)	9,03 ± 1,19 Bβ (0,56)	16,03 ± 2,56 Cβ (0,65)	0,15 ± 0,25 Aα (0,24)	00,00 ± 0,00 Aα (0,20)	3,35 ± 1,65 Aαβ (0,56)
	24	40,93 ± 3,18 Dγ (1,16)	17,65 ± 2,83 Cγ (0,90)	48,68 ± 1,52 Eγ (1,26)	1,50 ± 0,88 ABαβ (0,75)	00,00 ± 0,00 Aα (0,46)	4,70 ± 1,40 Bαβγ (1,05)
	36	50,05 ± 4,19 Cε (1,27)	24,15 ± 3,63 Bε (1,01)	60,16 ± 3,94 Dε (1,38)	2,31 ± 1,32 ABγ (1,04)	00,00 ± 0,00 Aα (0,73)	5,80 ± 0,90 ABγ (1,23)
	48	59,80 ± 1,80 Dδ (1,37)	27,76 ± 2,48 Cε (1,17)	68,03 ± 2,73 Eδ (1,39)	3,50 ± 1,04 Bγ (1,22)	00,00 ± 0,00 Aα (1,04)	6,55 ± 0,97 Bγ (1,36)

Souches	Temps(h)	Milieu					
		CAA	CAA+Zn2+	CAA+Mn2+	SM	SM+Zn2+	SM+Mn2+
PsTp171: *P. mosselii*	5	7,13 ± 1,85 Cα (0,36)	4,33 ± 0,55 ABα (0,25)	6,41 ± 1,43 BCα (0,38)	3,75 ± 0,39 ABα (0,13)	2,36 ± 1,02 Aα (0,06)	4,85 ± 0,70 ABCα (0,25)
	10	16,40 ± 2,82 Cβ (0,55)	10,56 ± 0,67 Bβ (0,59)	20,88 ± 3,50 Dβ (0,65)	6,55 ± 1,61 ABα (0,36)	4,96 ± 0,98 Aαβ (0,21)	9,20 ± 2,06 ABα (0,53)
	24	40,78 ± 2,52 Cγ (0,92)	37,16 ± 3,35 Cγ (0,87)	65,61 ± 2,58 Dγ (0,98)	11,03 ± 2,64 Aβ (0,80)	6,80 ± 1,62 Aβ (0,52)	19,45 ± 2,45 Bβ (0,89)
	36	68,15 ± 3,84 Eε (1,15)	60,18 ± 3,92 Dε (1,08)	102,60 ± 4,08 Fε (1,29)	18,91 ± 3,57 Bγ (1,00)	9,81 ± 1,54 Aγ (0,82)	29,78 ± 3,76 Cγ (1,19)
	48	82,53 ± 2,73 Eδ (1,33)	71,85 ± 3,17 Dδ (1,22)	117,50 ± 3,00 Fδ (1,59)	28,43 ± 1,77 Bε (1,27)	12,36 ± 1,82 Aγ (1,05)	41,66 ± 2,55 Cε (1,36)

Les surnageants sont dilués à 1:10 dans de l'eau désionisée. L'absorbance et la croissance sont déterminées respectivement à 400 nm et à 600 nm (données entre parenthèses). Une série de trois répétitions est effectuées pour chaque souche. Les résultats sont des moyennes avec ± la déviation standard. Les lettres A, B, C, D, E, F et α, β, γ, ε, δ représentent respectivement l'effet du milieu et du temps d'incubation et l'interaction entre ces deux paramètres (Student-Newman-Keuls, $P<0.05$).

Conclusion Générale

Les travaux de cette thèse sont focalisés sur l'étude de la diversité génétique et fonctionnelle d'une collection de 66 souches de *Pseudomonas* fluorescents isolées à partir de différents milieux. Cette étude a permis d'élucider certaines difficultés de classification du genre *Pseudomonas* et de sélectionner des souches à activités multifonctionnelles (production d'hormones, d'enzyme, séquestration de métaux lourds etc.)

Au cours de la première partie d'étude taxonomique abordée dans le présent travail, on a essayé de trouver d'éventuelles corrélations entre les méthodes de typage et d'identification. Pour aboutir à ces fins, des techniques classiques (caractérisation phénotypique et biochimique), moléculaires (ITS-PCR, RFLP, BOX-PCR, séquençage des gènes ADNr 16S et rpoB), analytiques (IEF) et biologiques (incorporation croisée du fer radioactif) sont utilisées. En se basant sur les différents groupements obtenus par ces techniques, on a conclu que (i) le système d'identification API20NE ne parvient pas à identifier correctement les souches environnementales, surtout au sein de sous-espèces, (ii) l'ITS-PCR ne fournit pas une division et une distinction logique d'espèces, (iii) la méthode ARDRA a montré que la collection de *Pseudomonas* est répartie en 15 groupes dont 17 profils sont différents et que parmi les enzymes utilisés , *Msp*I permet le screening de l'espèce *P. aeruginosa* des autres souches, (iV) l'étude des pyoverdines des 66 souches par sidérotypage a abouti à la différenciation de 17 sidérovars et une assignation à l'espèce de chacun des groupes et

(V) la BOX-PCR est la technique la plus fiable dans la détection du haut degré de polymorphisme entre des espèces apparentées, puisqu'elle a permis de différencier 45 profils et de distinguer les espèces de *P. aeruginosa* des autres espèces du genre (Mehri et al., 2011). Le séquençage a montré que la résolution taxonomique du gène rpoB est plus importante que celle obtenue par le séquençage du gène codant l'ADNr 16S.

Dans le deuxième volet de ce travail, on a essayé de sélectionner des souches de *Pseudomonas* possédant des propriétés multifonctionnelles pour une éventuelle application dans le cadre de la protection et de la promotion de la rhizosphère, et dans le domaine de traitement des eaux usées. Les souches PsS15, PsTP156, PsTp172, PsTp171 et PsS102 ont révélé un large spectre d'activités antagonistes et produisent des enzymes et des hormones promoteurs de la croissance des plantes. Certaines espèces (PsS102, PsWw128, PsS39 etc.) présentant des colonies mucoïdes ou très mucoïdes, pourront avoir la capacité d'induire une résistance systématique chez les plantes et une protection contre les phytopathogènes.

Enfin le dernier chapitre a porté sur l'étude d'une autre activité qui s'avère très importante chez les *Pseudomonas* fluorescents, qui est la capacité de séquestration des métaux lourds par les sidérophores. Les résultats obtenus indiquent que les pyoverdines de certaines souches testées pourraient être capables de complexer le zinc à la place du fer. Ce résultat indique bien que les souches de *Pseudomonas* sont dotées d'une activité supplémentaire de biorémédiation. Ainsi, cette propriété de séquestration pourrait rendre le zinc (étant un des éléments essentiels) inaccessible par d'autres bactéries. De plus, cette activité pourrait être utilisée dans le cas d'une décontamination de zones polluées par un excès de zinc, en tant que métal lourd.

Références Bibliographiques

Ait Tayeb, L., Ageron, E., Grimont, F. et Grimont, P.A.D. (2005). Molecular phylogeny of the genus *Pseudomonas* based on *rpoB* sequences and application for the identification of isolates. Res. Microbiol.156: 763-773.

Ali, N.J., Kessel, D. et Miller, R. F. (1995). Bronchopulmonary infection with *Pseudomonas aeruginosa* in patients infected with human immunodeficiency virus. Genitourin. Med. 71: 73-77.

Ambrosi, A., Leoni, L. et Visca, P. (2002). Different Responses of Pyoverdine Genes to Autoinduction in *Pseudomonas aeruginosa* and the Group *Pseudomonas fluorescens-Pseudomonas putida.* Appl. Environ. Microbiol. 68: 4122-4126.

Antony, S.P. et Philip, R. (2006). Bioremediation in shrimp culture systems. NAGA, WorldFish Center Quarterly. 29: 62-66.

Anzai, Y., Ki, H., Park, J. Y., Wakabayashi, H. et Oyaizu, H. (2000). Phylogenetic affiliation of the pseudomonads based on 16S rRNA sequence. International J. Syst. and Evol. Microbiol. 50: 1563-1589.

Archibald, F. (1983). *Lactobacillus plantarum*, an organism not requiring iron. FEMS Microbiol. Lett. 19: 29-32.

Aubron, C., Rapp, C., Parienti, J.J. et Patey, O. (2002). Actualité de l'antibiothérapie inhalée dans les infections respiratoires à *Pseudomonas aeruginosa*. Médecine et Maladies Infectieuses. 32: 460-467.

Azcon, R.,Barea, J.M. et Hayman, D.S. (1976). Utilization of rock phosphate in alkaline soil by plants inoculated with mycorrhizal fungi and phosphate-solubilizing bacteria. Soil Biol. Biochem. 8 : 135–138.

Baker, G., Smith, J.J. et Cowan, D.A. (2003). Review and re-analysis of domain-specific 16S primers. J. Microbiol. Methods. 55: 541-555.

Bakker, PAHM., Bakker, A.W., Marugg, J.D., Weisbeek, P.J. et Schippers, B. (1987). Bioassay for studying the role of siderophores in potato growth stimulation by Pseudomonas spp in short potato rotations. Soil Biol. Biochem. 19: 443-449.

Baysse, C., De Vos, D., Vandermonde, Y.N.A., Ochsner, U., Meyer, J.M., Budzikiewics, H., Schfter, M., Funchs, R. et Cornelis, P. (2000). Vanadium interferes with siderophores-mediated iron uptake in *Pseudomonas aeruginosa*. 164: 2425-2434.

Becker, J.O. et Cook, R.J. (1988). Role of siderophores on suppression of *Pythium* species and production of increased-growth response of wheat by fluorescent pseudomonads. Phytopathology 78: 778-782.

Belimov, A.A., Kojemiakov, A.P. et Chuvarliyeva, C. V. (1995) Interaction between barley and mixed cultures of nitrogen fixing and phosphate-solubilising bacteria. Plant and Soil, 173: 29-37.

Bossis, E., Lemanceau, P., Latour, X. et Gardan, L. (2000). The taxonomy of *Pseudomonas fluorescens* and *Pseudomonas putida*: current status and need for revision. Agronomie. 20: 51-63.

Boyer, S.L., Flechtner, V.R. et Johansen, J.R. (2001). Is the 16S-23S rRNA internal transcribed spacer region a good tool for use in molecular systematics and population genetics? A case study in Cyanobacteria. Mol. Biol. Evol. 18: 1057-1069.

Braud, A., Hoegy, F., Jezequel, K., Lebeau, T. et Schalk, I.J. (2009). New insights into the metal specificity of the *Pseudomonas aeruginosa* pyoverdine–iron uptake pathway. Environ. Microbiol. 11: 1079–1091.

Braud, A., Geoffroy, V., Hoegy, F., Mislin, G.L.A. et Schalk, I.J. (2010). Presence of the siderophores pyoverdine and pyochelin in the extracellular medium reduces toxic metal accumulation in *Pseudomonas aeruginosa* and increases bacterial metal tolerance. Environ. Microbiol. Reports 2: 419–425;

Braun, V. et Braun, M. (2002). Iron transport and signalling in *Escherichia coli*. FEBS Lett. 529: 78-85.

Briand, Y.M. et Baysse, C. (2002). The pyocins of *Pseudomonas aeruginosa*. Biochimie. 84 : 499-510.

Brooun, A., Liu, S. et Lewis, K. (2000). A dose-response study of antibiotic resistance in *Pseudomonas aeruginosa* biofilm. Antimicrob. Agents chemother. 44: 640-644.

Brown, M. E. (1974). Seed and root bacterization. Annu. Rev. Phytophathol. 12 : 181-197.

Bruins M.R., Kapil S. et Oehme FW (2000). Microbial resistance to metals in environment. Ecotoxicol. Environ. Saf. 45: 198-207.

Bryers, J.D. (2000). Biofilms: an introduction, in biofilms II: process analysis and applications. J.D. Bryers, Editor. Wiley-Liss: New York. 3-13.

Budzkikiewicz, H. (2004). Siderophores of the Pseudomonadaceae sensu stricto (fluorescent and non-fluorescent Pseudomonas spp.). Fortschr. Chem. Org. Naturst. 87: 237-281.

Canovas, D., Cases, I. et De Lorenzo, V. (2003). Heavy metal tolerance and metal homeostasis in *Pseudomonas putida* as revealed by complete genome analysis. Environ. Microbiol. 5: 1242-1256.

Carrillo-Castaneda, G., Munoz, J.J. et Peralta-Videa, J.R. (2005). A spectrophotometric method to determine the siderophore production by strains of fluorescent *Pseudomonas* in the presence of copper and iron. Microchem. J. 81: 35-40

Chang, C.Y., Chao, C.C. et Chao, W.L. (2008). Community structure and functional diversity of indigenous fluorescent *Pseudomonas* of long-term swine compost applied maize rhizophere. Soil Biol. Biochem. 40: 495-504.

Chapalain, A., Rossignol, G., Lesouhaitier, O., Merieau, A., Gruffaz, C., Guerillon, J., Meyer, J.M., Orange, N. et Feuilloley, M.G.J.

(2008). Comparative study of 7 fluorescent pseudomonad clinical isolates. Rev. Can. Microbiol. 54: 19-27.

Chen, W.P. et Kuo, T.T. (1993). A simple and rapid method for the preparation of Gram-negative genomic DNA, Nucleic Acids Res. 21:2260–2261.

Cho, J.C. et Tiedje, J.M. (2000). Biogeography and degree of endemicity of fluorescent *Pseudomonas* strains in soil. Appl. Env. Microbiol. 66 : 5448-5456.

Choo J.H., Rukayadi Y. et Hwang J.K. (2006). Inhibition of bacterial quorum sensing by vanilla extract. Lett. Appl. Microbiol. 42: 637-641.

Chin-A-Woeng, T.F.C, Van den Broek, D., de Voer, G., Van der Drift, K.M.G.M., Tuinman, S., Thomas-Oates, J.E., Lugtenberg, B.J.J. et Bloemberg, G.V. (2001). Phenazine-1-carboxamide production in the biocontrol strain *Pseudomonas chlororaphis* PCL1391 is regulated by multiple factors secreted into the growth medium. Mol. Plant Microbe Interact. 14: 969-979.

Clark, L.L., Dajcs, J.J., McLean, C.H., Bartell, J.G. et Strom, D.W. (2006). *Pseudomonas otitidis* sp. nov., isolated from patients with otic infections. Int. J. Syst. Evol. Microbiol. 56: 709-714.

Crichton, R. R. et Charloteaux-Wauters, M. (1987). Iron transport and storage. Eur. J. Biochem. 164: 485-506.

Cobessi, D., Celia, H., Folschweiller, N., Schalk, I.J., Abdallah, M.A. et Pattus, F. (2005). The crystal structure of the pyoverdine outer membrane receptor FpvA from *Pseudomonas aeruginosa* at 3.6 angstroms resolution. J. Mol. Biol. 347:121-34.

Cornelis, P. et Matthijs, S. (2002). Diversity of siderophore-mediated iron uptake systems in fluorescent pseudomonads: not only pyoverdines. Environ. Microbiol. 4: 787-798.

Costa, R., Gomes, N.C.M., Peixoto, R.S., Rumjanek, N., Berg, G., Mendonça-Hagler, L.C.S. et Smalla, K. (2006). Diversity and antagonistic potential of *Pseudomonas* spp. Associated to the rhizosphere of maize grown in a subtropical organic farm. Soil Biol. Biochem. 38: 2434-2447.

Costerton, J.W., Cheng, K.J., Geesey, G.G., Ladd, T.I., Nickel ,J.C., Dasgupta, M. et Marrie, T.J. (1987). Bacterial biofilms in nature and disease. Ann. Rev. Microbiol. 41:435–64

Costerton, J.W., Stewart, P. S. et Greenberg, E. P. (1999). Bacterial biofilms: a common cause of persistent infections. Science. 284: 1318-1322.

Daffonchio, D., Cherif, A. et Borin, S. (2000). Homoduplex and Heteroduplex Polymorphisms of the Amplified Ribosomal 16S-23S Internal Transcribed Spacers Describe Genetic Relationships in the "Bacillus cereus Group". Appl. Env. Microbiol. 66: 5460-5468.

Drancourt, M., Bollet, C., Carlioz, A., Martelin, R., Gayral, J.P. et Raoult, D. (2000). 16S ribosomal DNA sequence analysis of a large collection of environmental and clinical unidentifiable bacterial isolates. J. Clin. Microbiol. 38: 3623-3630.

Dany, H. et Meyer, J.M. (1998). Specificity of pyoverdine- mediated iron uptake among fluorescent Pseudomonas strains. J. Bacteriol. 170: 4865-4873.

Dawson, S.L., John C. Fry, J.C., Brian, N. et Dancer, B.N. (2002). A comparative evaluation of five typing techniques for determining the diversity of fluorescent pseudomonads.50:9-22.

Defoirdt, T., Boon, N., Bossier, P. et Verstraete, W. (2004). Disruption of bacterial quorum sensing: an unexplored strategy to fight infections in aquaculture. Aquaculture. 240: 69-88.

Del Olmo, A., Caramelo, C. et SanJose, C. (2003). Fluorescent complex of pyoverdin with aluminium. J. Inorg. Biochem. 97: 384-387

Diaz de Villegas, M.E., Villa, P. et Frias, A. (2002). Evaluation of the siderophores production by *Pseudomonas aeruginosa* PSS. Rev. Latinoam. Microbiol. 44: 112-117.

Diggle, S.P., Crusz, S.A. et Camara, M. (2008). Quorum sensing. Curr. Biol. 17 : 21-24

Djibaoui, R. Et Bensoltane, A. (2005). Effect of iron and growth inhibitors on siderophores production by *Pseudomonas fluorescens*. Afr. J. Biotechnol. 4: 697-702.

Dong, Y.H., Xu, J.L., Li, X.Z. et Zhang, L.H. (2000). AiiA, an enzyme that inactivates the acyl homoserine lactone quorum- sensing signal and attenuates the virulence of Erwinia carotovora. Proc. Natl. Acad. Sci. USA. 97: 3526-3531.

Dong, Y.H. et Zhang, L.H. (2005). Quorum sensing and quorum-quenching enzymes. J.Microbiol.43:101-109.

Donnarumma, G., Buommino, E., Fusco, A., Paoletti, I., Auricchio, L. et Tufano M.A. (2010). Effect of temperature on the shift of *Pseudomonas fluorescens* from an environmental microorganism to a potential human pathogen. Int. J. Immunopathol. Pharmacol. 23:227-34.

Elaichouni, A., Gerda, A., Claeys, G., Devleeschouwer, M., Godard, C. et Vaneechoutte, M. (1994). *Pseudomonas aeruginosa* serotype O12 outbreak studied by arbitrary primer PCR. J. Clin. Microbiol. 32: 666-671.

Elasri, M., Delorme, S., Lemanceau P., Stewart, G., Laue, B., Glickmann, E., Oger P. M. et Dessaux, Y. (2001). Acyl-homoserine lactone production is more common among plant-associated *Pseudomonas* spp. than among soilborne *Pseudomonas* spp. Appl. Env. Microbiol. 67: 1198-1209.

Evans, F.F., Seldin, L., Sebastian, G.V., Kjellberg, S., Holmström, C. et Rosado, A.S. (2004). Influence of petroleum contamination and biostimulation treatment on the diversity of Pseudomonas spp. in soil microcosms as evaluated by 16S rRNA based-PCR and DGGE. Lett. Appl. Microbiol. 38: 93-98.

Ferguson, D.A. et Deisenhofer, J. (2002). TonB-depedent receptors-structural perspectives. Biochemica et Biophysica Acta. 1565: 318–332.

Ferreira, A.C., Morais, P.V., Gomes, C. et da Costa, M.S. (1996). Computer-aided comparison of protein electrophoretic patterns for grouping and identification of heterotrophic bacteria from mineral water. J Appl Bacteriol 80, 479–486.

Filloux, A. et Vallet, I. (2003). Biofilm : mise en place et organisation d'une communauté bactérienne. Médecine sciences. 19 : 77-83.

Fontecave, M. et Pierre, J.L. (1995). The basic chemistry of nitric oxide and its possible biological reactions. Bull. Soc. Chim. Fr. 131: 620-631.

Fox, G.E., Wisotzkey, J.D. et Jurtshuk, P. (1992). How close is close: 16S rRNA sequence identity may not be sufficient to guarantee species identity. Int. J. Syst. Bacteriol. 42: 166-170.

Fuchs, R., Schäfer, M., Geoffroy, V. et Meyer, J.M. (2001). Siderotyping-a powerful tool for the characterization of pyoverdines. Curr. Top. Med. Chem. 1:31-35.

Fuqua, C., Parsek, M. R. et Greenberg, E.P. (2001). Regulation of gene expression by cell-to-cell communication: acyl-homoserine lactone quorum-sensing. *Annu Rev Genet* 35: 439–468.

Gaffney, T.D., Silva, O.C., Yamada, T. et Kosuge, T. (1990). Indolacetic Acid operon of *Psedomonas syringae* subsp. *savastanoi*: Transcription analysis and promoter identification. J. Bacteriol. 172: 5593-5601.

Gaignard, J.L. et Luisetti, J. (1993). *Pseudomonas syringae*, bactérie épiphyte, glaçogène et pathogène. Agronomie. 13 : 333-370.

Gaillard, J.L. (1995). Mutations et transferts génétiques. In Microbiologie générale. La bactérie et le monde bactérien. PP: 275-328. Edited by H. Leclerc, J. L. Gaillard and M. Simonet, Doin éditeurs-Paris.

Gaudin, V., Vrain, T. et Jouanin, L. (1994). Bacterial genes modifying hormonal balances in plants. Plant Physiol. and Biochem. 32: 11-29.

Geoffroy, V.A. et Meyer, J.M. (2004). Siderotyping of Antarctic fluorescent *Pseudomonas* strains. Cell. Mol. Biol. 50: 585-590.

Gomila, M., Ramirez, A. et Lalucat, J. (2007). Diversity of environmental *Mycobacterium* isolates from hemodialysis water as shown by a multigene sequencing approach. Appl. Environ. Microbiol. 73: 3787-3797.

Gonzalez, N., Romero, L. et Espejo, R.T. (2003). Comprehensive detection of bacterial populations by PCR amplification of the 16S-23S rRNA spacer region. J. Microbiol. Methods. 55 : 91-97.

Goswami, D., Vaghela, H., Parmar, S., Dhandhukia, P. et Thakker, J.. (2013). Plant growth promoting potentials of Pseudomonas spp. strain OG isolated from marine water. J. Plant. Inter. 8: 281-290.

Gouda, S. et Greppin, H. (1965). Biosynthèse pigmentaire chez *Pseudomonas fluorescens* en fonction de la concentration du substrat hydrocarboné ou aminé. Arch. Scienc., Genève 18:716-721.

Gratia, A. (1925). Sur un remarquable exemple d'antagonisme entre souches de colibacille. C. R. Soc. Biol. 93: 1040-1041.

Grimont, P.A.D. (2002). Risque Bactériologique: repérage des souches. C. R. Biologies. 325: 901-906.

Gupta, C.P.; Dubey, R.C. et Maheshwari, D.K. (2001). Antibiosis-mediated necrotrophic effect of *Pseudomonas* GRC$_2$ against two fungal pathogens. Curr. Sci. 81: 90-94.

Gürtler, V., Rau, Y., Pearson, S.R., Bates, S.M. et Mayall, B.C. (1999). DNA sequence heterogeneicity in three copies of the long 16S-23S rDNA spacer of *Entercoccus faecalis* isolates. Microbiology. 145: 1785-1796.

Haagensen, J., Klausen, M.K., Ernst, R.I., miller, S., Folkesson, A., Tolker-Nielsen, T. et Molin, S. (2007). Differentiation and distribution of colistin- and sodium dodecyl sulfate- tolerant cells in *Pseudomonas aeruginosa* biofilms. J. of bacteriol. 189: 28-37.

Hafiane, A. et Ravaoarinoro, M. (2008). Différentes méthodes de typage des souches de *Pseudomonas aeruginosa* isolées des patients atteints de mucoviscidose. Médecine et maladies infectieuses. 38 : 238-247.

Hamon, Y. (1964). Les bactériocines. Ann. Inst. Pasteur. 107: 67-73.

Hancock, R.E.W. (1998). Resistance mechanism in *Pseudomonas aeruginosa* and other nonfermentative gram-negative bacteria. Clinical Infectious Diseases. 27:93-99.

Hassen, A., Saidi, N., Cherif, M. et Boudabous, A. (1998). Resistance of environmental bacteria to heavy metals. Bioresour. Techno. 64: 7-15.

Hasting, J. W., Makemson, J.C. et Dunlap, P.V. (1987). How are growth and luminescence regulated independently in light organ symbiosis? Symbiosis. 4: 3-24.

Häubler, S., Ziegler,I., Löttel, A., Götz, F.V., Rohde, M., Wehmhöhner, D., Saravanamuthu, S., Tümmler, B. et Steinmetz, I. (2003). Highly adherent small-colony variants of *Pseudomonas aeruginosa* in cystic fibrosis lung infection. J. Medical Microbiol. 52: 295-301.

Henry, M.B., Lynch, J.M. et Fermor, T.R. (1991). Role of siderophores in the biocontrol of *Pseudomonas tolaasii* by fluorescent pseudomonad antagonists. J. Appl. Bacteriol. 70: 104-108

Howell, C.R. et Stipanovic, R.D. (1979). Control of *Rhizoctonia solani* on cotton seedlings with *Pseudomonas fluorescens* and with an antibiotic produced by the bacterium. Phytopathology. 69: 480-482.

Howie, W.J. et Suslow, T.V. (1991). Role of antibiotic biosynthesis in the inhibition of *Pythium ultimum* in the cotton spermosphere and rhizosphere by *Pseudomonas fluorescens*. Mol. Plant Microbe Inter. 4: 393-399.

Huang, J.J., Han, J.I., Zhang, L.H. et Leadbetter, J.R. (2003). Utilization of acyl-homoserine lactone quorum signas for growth by soil pseudomonad and *Pseudomonas aeruginosa* PAO1. Appl. Env. Microbiol. 69: 5941-5949.

Hunter, P.R. et Gaston, M.A. (1988). Numerical index of the discriminatory ability of typing systems: an application of Simpson's index of diversity. J. Clin. Microbiol.26.

Hussein, H., Farag, S., Kandil, K. et Moawad, H. (2005). Tolerance and uptake of heavy metals by *Pseudomonads*. Process Biochem. 4 : 955-961.

Huybens, N., Mainil, J. et Marlier, D. (2009). Les techniques de biologie moléculaire d'analyse des populations bactériennes complexes. Ann. Méd. Vét. 153 : 112-128.

Jack, R.W., Tagg, J.R. et Ray, B. (1995). Bacteriocins of Gram-Positive Bacteria. Microbol. Rev. 59: 171-200.

James, H.E., Bear, P.A., Martin, L.W. et Lamont, I.L. (2005). Mutational analysis of a bifunctional ferrisiderophore receptor and signal-trasducing protein from Pseudomonas aeruginosa. J. Bacteriol. 187: 4514-4520.

Jeng, R.S., Svircev, A.M., Myers, A.L., Beliaeva, L., Hunter, D.M. et Hubbes, M. (2001). The use of 16S and 16S-23S rDNA to easily detect and differentiate common Gram-negative orchard epiphytes.44: 69-77.

Jensen, M.A., Webster, J.A. et Straus, N. (1993). Rapid identification of bacteria on the basis of the polymerase chain reaction-amplified ribosomal DNA spacer polymorphisms. Appl. Environ. Microbiol. 59: 945-952.

Katznelson, H. et Bose, B. (1959). Metabolic activity and phosphate-dissolving capability of bacterial isolates from wheat roots, rhizosphere, and non-rhizosphere soil. Can. J. Microbiol. 5: 79-85.

Kersters, I., Huys, G., Van Duffel, H., Vancanneyt, M., Kersters, K. et Verstraete, W. (1996). Survival potential of *Aeromonas hydrophila* in freshwaters and nutrient-poor waters in comparision with other bacteria. Journal of Applied Bacteriology, 80: 266-276.

Kim, M.S., Kim, Y.C. et Cho, B.H. (2004). Gene expression analysis in cuncumber leaves primed by root colonization with *Pseudomonas chlororaphis* O6 upon challenge inoculation with *Corynespora cassiicola*. Plant. Biol. 6 : 105-108.

Kirisits, M.J., Prost, L., Starkey, M. et Parsek, M.R. (2005). Characterization of colony morpholgy variants isolated from *Pseudomonas aeruginosa* biofilms. Appl. Environ. Microbiol. 71 : 4809-4821.

Klinger, C., Fillloux, A. et Lazdunski, A. (2005). Les biofilms, forteresses bactériennes. *La recherche*. 389: 42-46.

Kloepper, J.W., Reddy, M.S., Kenney, D.S., Vavrina, C., Kokalis-Burelle, N. et Martinez-Ochoa, N. (2004). Application of rhizobacteria in transplant production and yield enhancement. Proc. XXVI IHC-Transplant Production and Stand Establishment. Eds. S. Nicola, J. Nowak, and C.S. Vavrina. Acta Hort. 631 HIS 2004.

Koedam, N., Wittcuck, E., Gaballa, A., Gilis, A., Höfte, M. et Cornelis, P. (1994). Detection and differentiation of microbial siderophores by isoelectric focusing and chrome azurol S overlay. Biometals. 7: 287–291.

Koster, W. (2001). ABC transporter-mediated uptake of iron, siderophores, heme and vitamin B12. Res. Microbiol. 152: 291-301.

Kozo, O. (1995). Comparative ribosomal protein sequence analyses of a phylogenetically defined genus. *Pseudomonas,* and its relatives. Int. J. Syst. Bacteril. 45: 268-273.

Krewulak, K.D. et Vogel, H.J. (2008). Structural biology of bacterial iron uptake. Biochim. Biophys. Acta 1778:1781–1804

Kumar, G., Desai, S., Reddy, G. Amalraj, E., Rasul, A. et Hassan Ahmed, S.K. (2015). Seed Bacterization with Fluorescent Pseudomonas spp. Enhances Nutrient Uptake and Growth ofCajanus cajan L. Communications in Soil Science and Plant Analysis. 46: 652-665.

Latour, X. et Lemanceau, P. (1997). Métabolisme carboné et énergétique des *Pseudomonas spp.* fluorescents saprophytes à oxydase positive. Agronomie. 17 : 427-443.

Latour, X., Delorme, S., Mirleau, P. et Lemanceau, P. (2003). Identification of traits implicated in the rhizosphere competence of fluorescent Pseudomonads: description of a strategy based on population and model strain studies. Agronomie. 23: 397-405.

Lavrrar, J.L., Christoffersen, C.A. et McIntosh, M.A. (2002). Fur-DNA interactions at the bi-directional fecDGC6entS promoter region in *Escherichia Coli*. J. Mol. Biol. 322.

Lehoux, D. E., Sanschagrin, F. et Levesque, R. C. (2000). Genomics of the 35-kb *pvd* locus and analysis of novel *pvdIJK* genes implicated in pyoverdine biosynthesis in *Pseudomonas aeruginosa*. *FEMS Microbiol Lett* 190, 141–146.

Lemanceau, P. (1992). Effets bénéfiques de rhizobactéries sur les plantes : exemple des *Pseudomonas* spp fluorescents. Agronomie. 12 : 413-437.

Lombardo, N. et Ianotta, N. (2002). Evolution des techniques de culture dans le secteur oléicole méridionale. Olivae. 93 : 43-49.

Loper, J.E. et Buyer, J.S. (1991). Siderophores in microbial interactions on plant surfaces. Curr. Rev. 4: 5-13.

Lovley, D.R. et Coates, J.D. (1997). Bioremediation of metal contamination. Curr. Opin. Biotechnol. 8: 258–289.

Lewenza, S., Gardy, J.L., Brinkman, F.S. et Hancock, R.E. (2005). Genome-wide identification of *Pseudomonas aeruginosa* exported proteins using a consensus computational strategy combined with a laboratory-based PhoA fusion screen. Genome Res. 15:321-9.

Libbert, E., Kaiser, W. et Kunert, R. (1969). Interaction between plants and epiphytic bacteria regarding their auxin metabolism. Physiol. Plant. 22: 432-439.

Loper, J.E. et Schroth, M.N. (1986). Influence of bacterial sources of indole-3-acetic acid on root elongation of sugar beet, Phytopathology 76: 386–389.

Lu, X., Wang, L. , Lei, K., Huang, J. et Zhai, Y. (2009). Contamination assessment of copper, lead, zinc, manganese and nickel in street dust of Baoji, NW China. J. Hazard. Mat. 161: 1058-1062

Madi, A., Lakhdari, O., Blottière, H., Guyard-Nicodème, M., Le Roux, K., et al. (2010). The clinical *Pseudomonas fluorescens* MFN1032 strain exerts a cytotoxic effect on epithelial intestinal cells and induces Interleukin-8 via the AP-1 signaling pathway. BMC Microbiol. 10: 215.

Manwar, A.V., Khandelwal, S.R., Chaudhari, B.L., Meyer, J.M. et Chincholkar, S.B. (2004). Siderophore production by a marine *Pseudomonas aeruginosa* and its antagonistic action against phytopathogenic fungi. Appl. Biochem. Biothechnol. 118: 243-251

Matthijs, S., Abbaspour-Therani, K., Laus, G., Jackson, R. W., Cooper, R. M. et Cornnelis, P. (2007). Thio-quinolobactin, a *Pseudomonas* siderophore with antifungal and anti-*Pythium* activity. Environ. Microbiol. 9: 425-434.

Mavridou, A., Papapetropoulou, M., Boufa, P., Lambiri, M. et Papadakis, J.A. (1994). Microbiological quality of bottled water in Greece. Lett Appl Microbiol 19, 213–216.

McMorran, B.J., Merriman, M.E., Rombel, I.T. et Lamont, I.L. (1996). Characterisation of the *pvdE* gene which is required for pyoverdine synthesis in *Pseudomonas aeruginosa. Gene* 176 : 55-59.

Mehri, I., Turki, Y., Chair, M., Chérif, H., Hassen, A., Meyer, J.M. et Gtari, M. (2011). Genetic functional heterogeneities among fluorescent Pseudomonas isolated from environmental samples. *J. Gen. Appl. Microbiol.* 57: 101-114.

Meyer, J.M. et Abdallah, M.A. (1978). The fluorescent pigment of *Pseudomonas fluorescens*: biosynthesis, purification and physiocochemical properties. J. Gen. Microbiol. 107: 319-328.

Meyer, J.M., Hallé, F., Hohnadel, D., Lemanceau, P., et Ratefiarivelo, H. (1987). Siderophores of Pseudomonas-biological properties. Pages 189-205 in : Iron Transport in Microbes, Plants and Animals. G.Winkleman, D. van der Helm, and J. B. Neilands, eds. VCH Chemie, Weinheim, Germany.

Meyer, J.M., Stintzi, A., De Vos, D., Cornelis, P., Tappe, R., Taraz, K. et Budzikiewicz, H. (1997). Use of siderophores to type pseudomonads: the three *Pseudomonas aeruginosa* pyoverdine systems. Microbiology 143:35-43.

Meyer, J.M. (2000). Pyoverdines: pigments, siderophores and potential taxonomic markers of fluorescent *Pseudomonas* species. Arch. Microbiol. 174:135-142.

Meyer, J.M., Geoffroy, V., Baida, N., Gardan, L., Izard, D., Lemanceau, P., Achouak, W. et Palleroni, N.J. (2002). Siderophore Typing, a Powerful Tool for the Identification of Fluorescent and Nonfluorescent Pseudomonads. Appl. Environ. Microbiol. 68 :2745-2753.

Meyer, J.M. et Geoffroy, V. A. (2004). Environmental fluorescent *Pseudomonas* and pyoverdine diversity: how siderophores could help microbiologists in bacterial identification and taxonomy. In: Crosa JH, Mey AR, Payne SM (eds) Iron transport in bacteria. ASM Press, Washington pp 451-468

Meyer, J.M. (2010). Pyoverdine siderophores as taxonomic markers, p 201-233. In J.L. Ramos, A. Filloux (eds.), Pseudomonas. Chapter 7.

Michaele Olive, D. et Bean, P. (1999). Principles and applications of methods for DNA based typing of microbial organisms. J. Clin. Microbiol. 37 : 1661-1669.

Miller M.B. et Bassler B.L. (2001). Quorum sensing in bacteria. Annu. Rev. Microbiol. 55: 165-199.

Molina, L., Constantinescu, F., Michel, L., Reimmann, C., Duffy, B. et Défago, G. (2003). Degradation of pathogen quorum sensing molecules by soil bacteria : a preventive and curative biological control mechanism. FEMS Microbiol. Ecol. 45: 71-81.

Mollet, C., Drancout, M. et Raoult, D. (1997). rpoB sequence analysis basis for bacterial identification. Mol. Microbiol. 26: 1005-1011.

Moore, E.R.B., Mau, M., Arnscheidt, A., Böttger, E.C., Hutson, R.A., Collins, M.D. et al. (1996) The determination and comparison of the 16S rRNA gene sequences of species of the genus *Pseudomonas* (*sensu strictu*) and estimation of the natural intrageneric relationships. *Syst Appl Microbiol* 19: 478-492.

Mureseanu, M. Renard, G. Galarneau, A. et Lerner, D.A. (2003). A demonstration model for a selective and recyclable uptake of metals from water: Fe (III) ions complexation and release by a supported natural fluorescent chelator. Talanta 60:515-522..

Natalini, E. et Scortichini, M. (2007). Variability of the 16S-23S rRNA gene internal transcribed spacer in *Pseudomonas avellanae* strains. FEMS Microbiol. Lett. 271: 274-280.

Neilands, J.B. (1981). Microbial iron compounds. Annu. Rev.Biochem. 50:715-731.

Neilands, J.B. (1984). Methodology of siderophores. Siderophores from microorganisms and plants. Structure and Bonding 58: 1–24.

Neilands, J.B., Konopka, K., Schwyn, B., Coy, M., Francis, R.T., Paw, B.H. et Bagg, A. (1987). Comparative biochemistry of microbial iron assimilation, p. 3-33. *In* G Winkelmann D van der Helm, and J. B. Neilands (ed.), Iron transport in microbes, plants and animals. VCH Verlagsgesellschaft mbH, Weinheim, Germany.

Nocker, A., Burr, M. et Camper, A. (2007). Genotypic microbial community profiling: a critical technical review. Microb. Ecol. 54: 276-289.

O'Loughlin, C., Millerb, L., Siryaporna, A., Dreschera, K., Semmelhackb, M. et Bassler, B. (2013). A quorum-sensing inhibitor blocks Pseudomonas aeruginosa virulence and biofilm formation. PNAS. 110: 17981–17986.

O'Sullivan, D.J. et O'Gara, F. (1992). Traits of fluorescent Pseudomonas spp. involved in suppression of plant root pathogens. Microbiol. Rev. 56: 662–676.

O'Toole, G.A. et Kolter, R. (1998a). Flagellar twitching mobility are necessary for *Pseudomonas aeruginosa* biofilm development. Mol. Microbiol. 30: 295-304.

O'Toole, G.A. et Kolter, R. (1998b). Initiation of biofilm formation in *Pseudomonas fluorescens* WCS365 proceeds via multiple, convergent signalling pathways: a genetic analysis. *Mol Microbiol* 28, 449–461.

O'Toole, G. A., Pratt, L. A., Watnick, P. I., Newman, D. K., Weaver, V. B. et Kolter, R. (1999). Genetic approaches to the study of biofilms. *Methods Enzymol. 310*: *91*–109.

Ouzari, H., Khsairi, A., Raddadi, N., Jaoua, L., Hassen, A., Zarrouk, M., Daffonchio, D. et Boudabous, A. (2008). Diversity of auxin-producing bacteria associated to *Pseudomonas savastanoi*-induced olive knots. J. Basic Microbiol. 48: 1-8.

Palleroni, N.J. (1984). Family I. *Pseudomonadaceae*, p. 141-199. *In* N. R. Krieg and J. G. Holt (ed.), Bergey's manual of systematic bacteriology, vol. 1. Williams & Wilkins Co., Baltimore, Md.

Palleroni, N.J. (1986). *Pseudomonas*. In Bergey's Manual of Systematic Bacteriology Edited by Sneath P.H.A. et al. Edition: Williams et Wiikins Baltimore. London. Los Angelos. Sydney: P.141.

Parker, D.L., Sposito, G. et Tebo, BM. (2004). Manganese (III) binding to a pyoverdine siderophore produced by manganese (II) - oxidizing bacterium. Geochim. Cosmochim. Acta. 68: 4809-4820.

Parsek, M.R. et Greenberg, E.P. (2005). Sociomicrobiology : The connection between quorum sensing and biofilms. Trends Microbiol. 13: 27-33

Patten, C.L. et Glick, B.R. (2002). Regulation of indoleacetic acid production in *Pseudomonas putida* GR12-2 by tryptophan and the stationary phase sigma factor RpoS. Can. J. Microbiol. 48: 635-642.

Pereira, M.O., Vieira, M.J., Beleza, V.M. et Melo, L.F. (2001). Comparison of two biocides – carbamate and glutaraldehyde – in the control of fouling in pulp and paper industry. Environ. Technol.22: 781-790.

Pereira, L.C.C., Jiménez, J.A., Gomes, P.B., Medeiros, C. et Costa, R.A.A.M. (2003). Effects of sedimentation on scleractinian and actinian species in artificial reefs at the Casa Caiada beach (Brazil). In: Klein, A. et al. (Ed.). Brazilian Sandy Beaches: Morphodynamic, Ecology, Use, Hazards and Management. *Journal of Coastal Reserach*, SI (35), 418-425.

Picot, L., Chevalier, S., Mezghani-Abdelmoula, S., Merieau, A., Lesouhaitier, O., Leroux, P., et al. (2003). Cytotoxic effects of the lipopolysaccharide from *Pseudomonas fluorescens* on neurons and glial cells. Microb. Pathog. 35: 95-106.

Pierson, L.S. et Weller, D.M. (1994). Use of mixtures of fluorescent pseudomonads to suppress take-all and improve the growth of wheat. Phytopathology, 84, 940-947.

Poirier, I., Jean, N., Guary, JC. et Bertrand, M. (2008). Response of the marine bacterium *Pseudomonas fluorescens* to an excess of heavy metals: Physiological and biochemical aspects. Sci. Total Environ. 46: 76-87.

Poole, K., Neshat, S., Krebes, K. et Heinrichs, D. (1993). Cloning and nucleotide sequence analysis of the ferripyoverdine receptor gene *fpvA* of *Pseudomonas aeruginosa*. J. Bacteriol. 175: 4597–4604.

Popavath R. N., Nirakar S., Devrishi G., Niraikulam A. et Natarajan S. (2008)[a]. Genetic and Functional Diversity among Fluorescent

Pseudomonads Isolated from the Rhizosphere of Banana. Microb. Ecol. 56:492-504.

Popavath R. N., Gurusamy, R., Kannan, B.N. et Natarajan S. (2008)[b]. Assessment of genetic and functional diversity of phosphate solubilising fluorescent Pseudomonads Isolated from Rhizospheric soil. B.M.C.Microbiol. 8: 230-244.

Porteous, L.A., Widmer, F. et Seidler, R.J. (2002). Multiple enzyme restriction fragment length polymorphism analysis for high resolution distinction of *Pseudomonas* (sensu stricto) 16S rRNA genes. J. Microbiol. Methds. 51: 337-348.

Praveen, K.Gi., Suseelendra, D., Leo, D. A. E., Minakshi, T. et Uzma, S. (2014). Phosphate Solubilization Potential of Fluorescent Pseudomonas spp. Isolated from Diverse Agro-Ecosystems of India. Intern. J. Soil. Science. 9: 101-110.

Quinones, B., Pujol, C.L. et Lindow, S.E. (2004). Regulation of AHL production and its contribution to epiphytic fitness in *Pseudomonas syringae*. Mol. Plant Microbe interact. 17: 521-531.

Rainey, P.B. et Travisano, M. (1998). Adaptative radiation in a heterogeneous environment. Nature 394 : 69-72.

Rakhimova, E., Munder, A., Wiehlmann, L., Bredenbruch· F. et Tümmler B. (2008). Fitness of Isogenic Colony Morphology Variants of *Pseudomonas aeruginosa* in Murine Airway Infection. PLos One. 3: 1-16.
Rangarajan, S., Loganathan, P., Saleena, L.M. et Nair, S. (2001). Diversity of pseudomonads isolated from three different plant rhizospheres. J. Appl. Microbiol. 91: 742–749.

Rangel-Castro, J.I., Levenfors, J.J. et Danell, E. (2002). Physiological and genetic characterization of fluorescent *Pseudomonas* associated with *Cantharellus cibarius*. Can. J. Microbiol. 48: 739-748.

Ravel, J. et Cornelis, P. (2003). Genomics of pyoverdine-mediated iron uptake in pseudomonads. Trends Microbiol. 11 : 195–*200*.

Redly, G. A. et Poole, K. (2003). Pyoverdine-mediated regulation of FpvA synthesis in Pseudomonas aeruginosa: involvement of a probable extracytoplasmic-function sigma factor, FpvI. J. Bacteriol. 185: 1261-1265.

Regenhardt, D., Heuer, H., Heim, S., Fernandez, D.U., StrÖmpl, C., Moore, E.R.B. et Timmis, K.N. (2002). Pedigree and taxonomoic credentials of *Pseudomonas putida* strain KT2440. Environ. Microbiol. 4: 912.

Riley, M.A. et Wertz, J.E. (2002). Bacteriocins: evolution, ecology and application. Annu. Rev. Microbiol. 56: 117-137.

Ritchie, A. J., Yam, A.O., Tanabe, K.M., Rice, S.A. et Cooley, M.A. (2003). Modification of in vivo and in vitro T- and B-cell-mediated immune responses by the *Pseudomonas aeruginosa* quorum sensing molecule N-(3-oxododecanoyl)-L-homoserine lactone. Infect. Immun. 66: 36-42.

Roberto, F.F., Klee, H., White, F.,Nordeen, R. et Kosuge, T. (1990). Expression and fine structure of the gene encoding N-(indole-3-acetyl)-L-lysine synthetase from *Pseudomonas savastanoi*. P.N.A.S. 87: 5797-5801.
Römling, U., Wingender, J., Müller, H. et Tümmler, B. (1994). A major *Pseudomonas aeruginosa* clone common to patients and aquatic habitats. Appl. Environ. Microbiol. 60: 1734-1738.

Rosas, S. B., Andrés, J. A., Rovera, M. et Correa, N. S. (2006). Phosphate-solubilizing *Pseudomonas putida* can influence the rhizobia–legume symbiosis. Soil Biol. Biochem. 38: 3502-3505.

Ruby, E.G. et Asato, L.M. (1993). Growth and flagellation of Vibrio fischeri during initiation of the sepiolid squid light organ symbiosis. Arch. Microbiol. 159: 160–167.

Ruimy, R. et Andremont, A. (2004). Quorum-sensing chez Pseudomonas aeruginosa : mécanisme moléculaire, impact clinique et inhibition. Réanimation. 13 : 176-184.

Sadeghifar , N., Gurtler, V., Beer, M. et Seviour, R.J. (2006). The mosaic nature of intergenic 16S-23S rRNA spacer regions suggests rRNA operon copy number variation in *Clostridium difficile* strains. Appl. Environ. Microbiol. 72: 7311-7323.

Saidi, N., Kouki, S., Mehri, I., Ben Rajeb, A., Belila, A., Hassen, A. et Ouzari, H. (2011). Biofilm and siderophore effects on secondary Waste water Disinfection. Curr. Microbiol. In press.

Saiki, R.K., Gelfand, D.H., Stoffel, S., Scharf, S.J., Higuchi, R., Horn, G.T., Mullis, K.B. et Erlich, H.A. (1988). Primer-Directed Enzymatic Amplification of DNA with a Thermostable DNA Polymerase. Science. 239: 487 - 491.

Sayyed, R.Z., Badgujar, M.D., Sonawane, H.M., Mhaske, M.M. et Chincholkar, S.B. (2005). Production of microbial iron chelators (siderophores) by fluorescent Pseudomonads. Indian J. Biotechnol. 4: 484-490

Sazakli, E., Leotsinidis, M., Vantarakis, A. et Papapetropoulou, M. (2005). .Comparative typing of *Pseudomonas* species isolated from the aquatic environment in Greece by SDS-PAGE and RAPD analysis. J. Appl. Microbiol. 99: 1191-1203.

Scarpellini, M., Franzetti, L. et Galli, A. (2004). Development of PCR assay to identify *Pseudomonas fluorescens* and its biotype. 236: 257-260.

Schalk, I.J., Abdallah, M.A. et Pattus, F. (2002). A new mechanism for membrane iron transport in *Pseudomonas aeruginosa*. Biochem. Soc. Trans. 30 : 702-755.

Schuhegger, R., Ihring, A., Gantner, S., Bahnweg, G., Knappe, V. G. et al. (2006). Induction of systematic plant resistance by N-acylhomosérine lactone- producing rhizosphere bacteria. Plant Cell. Environ. 29: 909-918.

Scoltler, M., Lebuhn, M., Heulin, T. et Hartmann, A. (2000). Ecology and evolution of bacterial microdiversity. FEMS Microbiol. Rev. 24: 647-660.

Sharma, A. et Johri, B.N. (2003). Combat of iron-deprivation through a plant growth promoting fluorescent *Pseudomonas* strain GRP3A in mung bean (*Vigna radiate* L.Wilzeck). Microbiol. Res. 158: 77-81

Shelly, D.B., Spilker, T., Gracely, E.J., Coenye, T., Vandamme, P. et LiPuma, J.J. (2000). Utility of commercial systems for identification of *Burkholderia cepacia* complex from cystic fibrosis sputum culture. J Clin Microbiol 38, 3112–3115..

Shinozaki-Tajiri, Y., Akutsu-Shigeno, Y., Nakajima-Kambe, T., Inomata, S., Nomura, N. et Uchiyama, H. (2004). Matrix metalloproteinase-2 inhibition and Zn^{2+}- chelating activities of pyoverdine-type siderophores. J. biosci. bioeng. 97: 281-283.

Silvetrone, S.E., Gilchrist, D.G., Bostock, R.M. et Kosuge, T. (1993). The 73-kb pIAA plasmid increases competitive fitness of *Pseudomonas syringae* subspecies *savastanoi* in oleander. Can. J. Microbiol. 39: 659-664.

Sneath, P.H.A. et Sokal, R.R. (1973). Numerical taxonomy: the principales and practice of numerical classification. Freeman WH an Co, San Francisco.

Soler, L., Marco, F., Vila, J., Chacón, M.R., Guarro, J. et Figueras, M.J. (2003). Evaluation of two miniaturized systems, MicroScan W/A and BBL Crystal E/NF, for identification of clinical isolates of *Aeromonas* spp. J. Clin. Microbiol. 41, 5732–5734.

Sood, A., Sharma, S., Kumar, V. et Thakhur, R. (2007). Antagonism of dominant bacteria in tea rhizosphere of Indian Himalayan regions. J.Appl.Sci.Environ.Manage. 11: 63-66.

Soultos, N. et Madden, R.H. (2007). A genotyping investigation of the colonization of piglets by *Campylobacter coli* in the first 10 weeks of life. J. Appl. Microbiol. 102. 916-920.

Srinivasan, K., Gilardi, G., Garibaldi, A. et Gullino, M. L. (2009). Efficacy of bacterial antagonists and different commercial products against Fusarium wilt on rocket. 37: 179-188.

Starkey, M., Hickman, J.H., Ma, L., Zhang, N., De Long, S., Hinz, A., Palacios, S., Manoil, C., Kirisits, M.J., Starner, T.D., Wozniak, D.J., Harwood, C.S. et Parsek, M.R. (2009). *Pseudomonas aeruginosa* rugose small-colony variants have adaptations that likely promote persistence in the cystic fibrosis lung. J. Bacteriol. 191: 3492-3503.

Stuczynski, T.I., McCarty, G.W. et Siebielec, G. (2003). Response of soil microbiological activities to Cadmium, Lead and Zinc salt amendments. J. Environ. Qual. 32: 1346-1355

Tagg, J.R. et McGiven, R. (1971). Assay system for bacteriocins. Appl. Microbiol. 21: 943.

Takase, H., Nitanai, H., Hoshino, K. et Otani, T. (2000). Impact of siderophore production on Pseudomonas aeruginosa infections in immunosuppressed mice. Infect. Immun. 68: 1834-1839.

Tamura, K., Dudley, J., Nei, M. et Kumar, S. (2007). *MEGA4*: Molecular Evolutionary Genetics Analysis (MEGA) software version 4.0. Molecular Biology and Evolution 24:1596-1599.

Tappe, R., Taraz, K., Budzikiewicz, H., Meyer, J.M. et Lefèvre, J.F. (1993). Structure elucidation of a pyoverdin produced by *Pseudomonas aeruginosa* ATCC 27853. J. Prakt. Chem. 335: 83-87.

Tateda, K., Comte, R., Pechere, J.C., Kohler, T., Yamaguchi, K. et Van Delden, C. (2001). Azithromycin inhibits quorum sensing in *Pseudomonas aeruginosa*. Antimicrob. Agents Chemother. (45): 1930–1933.

Teintze, M., Hossain, M.B.,Barnes, C.L., Leong, J. et Van Der Helm, D. (1981). Structure of ferric pseudobactin, a siderophore from a plant growth promoting *Pseudomonas*. Biochem. 20: 6446–6457.

Teitzel, G.M., Geddie, A., DeLong, S.K., Kirisits, M.J., Whiteley, M. et Parsek, M.R. (2006). Survival and growth in the presence of elevated copper: Transcriptional profiling of copper-stressed *Pseudomonas aeruginosa*. J. Bacteriol. 188: 7242-7256

Thomashow, L.S., Weller, D.M., Bonsall, R.F. et Pierson, L.S. (1990). Production of the antibiotic phenazine-1-carboxylic acid by fluorescent *Pseudomonas* species in the rhizosphere of wheat. Appl. Environ. Microbiol. 56: 908-912.

Van Loon, L.C., Bakker, P.A.H.M. et Pieterse, C.M.J. (1998). Systematic resistance induced rhizosphere bacteria. Annu. Rev. Phytopathol. 36: 453-483

Van Loosdrecht, M.C.M. et Heijnen, J.J. (2002). Modelling of activated sludge processes with structured biomass. Water Science and Technol. 45:13-23.

Vasseur, P., Vallet-Gely, I., Soscia, C., Genin, S. et Filloux, A. (2005). The pel genes of the *Pseudomonas aeruginosa* PAK strain are involved at early and late stages of biofilm formation. Microbiology. 151: 985-997.

Versalovic, J., Koeuth, Y. et Lupski, J.R. (1991). Polymerase chain reaction with consensus sequences primers is a powerful method for typing bacteria. Nucl. Acids Res. 19: 6823-6831.

Villegas, J. et Fortin, J.A. (2002). Phosphorus solubilization and pH changes as a result of the interactions between soil bacteria and arbuscular mycorrhizal fungi on a medium containing NO_3 as nitrogen source. Can. J. Bot. 80: 571-576.

Visca, P., Colotti, G., Serino, L., Verzili, D., Orsi, N. et Chiancone, E. (1992). Metal regulation of siderophore synthesis in *Pseudomonas aeruginosa* and functional effects of siderophore-metal complexes. Appl. Environ. Microbiol. 58: 2886-2893

Visca P., Imperi F. et Lamont I.L. (2007). Pyoverdine siderophores: from biogenesis to biosignificance. Trends Microbiol. 15: 22-30.

Wagner, V.E., Bushnell, D., Passador, L., Brooks, A.L. et Iglewski, B.H. (2003). Microarray analysis of *Pseudomonas aeruginosa* quorum sensing regulons: effects of growth phase and environment. J. Bacteriol. 185: 2085-2095.

Wagner, V.E. et Iglewski, B.H. (2008). *Pseudomonas aeruginosa* biofilms in CF infection. Clin. Rev. Allergy Immunol. 35: 124–134.

Walker, T.S., Bais, H.P., Deziel, E. Schweizer, H.P., Rahme, L.G. et al. (2004). *Psedomonas aeruginosa* plant root interactions. Pathogenicity, biofilm formation, and root exudation. Plant Physiol. 134: 320-331.

Wang, L. et Jayarao, B.M. (2001). Phenotypic and genotypic characterization of *Pseudomonas fluorescens* isolated from bulk tank milk. J. Dairy Sci. 84: 1421-1429.

Watt, M., Hugenholtz, P., White, R. et Vinall. (2006). Numbers and locations of native bacteria on field-grown wheat roots quantified by fluorescens in situ hybridization (FISH). Environ. Microbiol. 8: 871-884.

West, S.A., Diggle, S.P., Buckling, Gardner, A. et Griffin, A.S. (2007). The social lives of microbes. Annu. Rev. Ecol. Syst. 38: 53-77.

Wilderman, P.J., Vasil, A.I., Johnson, Z., Wilson, M.J., Cunliffe, H.E., Lamont, I.L. et Vasil, M.L. (2001). Characterization of an endoprotease (PrpL) encoded by PvdS-regulated gene in Pseudomonas aeruginosa. Infect. Immun. 69: 5385-5394.

Wirth, C., Meyer-Klaucke, W., Pattus, F. et Cobessi, D. (2007). From the periplasmic signaling domain to the extracellular face of an outer membrane signal transducer of Pseudomonas aeruginosa: crystal structure of the ferric pyoverdine outer membrane receptor. J. Mol. Biol. 368:398-406.

Wozniak, D.J., Wyckoff, T.J.O., Starkey, M., Keyser, R., Azadi, P., O'Toole, G.A. et Parsek, M.R. (2003). Alginateis not a significant component of the extracellular polysaccharide matrix of PA14 and PAO1 *Pseudomonas aeruginosa* biofilms. Proc. Natl. Acad. Sci. USA. 100: 7907-7912.

Wu, F. et Della-Latta, P. (2002). Molecular typing strategies. Semin. Perinatol. 26: 357-366.

Yeterian, E. , Martin, L.W., Lamont, I.L. et Schalk, I.J. (2009). An efflux pump is required for siderophore recycling by *Pseudomonas aeruginosa*. Env. Microbiol. Reports.2: 412-418.

Yu, Z. et Morisson, M. (2004). Comparisons of Different Hypervariable Regions of *rrs* Genes for Use in Fingerprinting of Microbial Communities by PCR-Denaturing Gradient Gel Electrophoresis. Appl. Env. Microbiol. 70: 4800–4806.

Zaidi, S., Usmani, S., Singh, B.R. et Musarrat, J. (2006). Significance of *Bacillus subtilis* strain SJ-101 as a bio-inoculant for concurrent plant growth promotion and nickel accumulation in *Brassica juncea*. Chemosphere. 64: 991–997

yes
I want morebooks!

Buy your books fast and straightforward online - at one of world's fastest growing online book stores! Environmentally sound due to Print-on-Demand technologies.

Buy your books online at
www.morebooks.shop

Achetez vos livres en ligne, vite et bien, sur l'une des librairies en ligne les plus performantes au monde!
En protégeant nos ressources et notre environnement grâce à l'impression à la demande.

La librairie en ligne pour acheter plus vite
www.morebooks.shop

Printed by Books on Demand GmbH, Norderstedt / Germany